Sunil Gupta
Meena Tushir

Fuzzy-Modell-Identifikation und Steuerung nichtlinearer Systeme

Sunil Gupta
Meena Tushir

Fuzzy-Modell-Identifikation und Steuerung nichtlinearer Systeme

ScienciaScripts

Imprint

Any brand names and product names mentioned in this book are subject to trademark, brand or patent protection and are trademarks or registered trademarks of their respective holders. The use of brand names, product names, common names, trade names, product descriptions etc. even without a particular marking in this work is in no way to be construed to mean that such names may be regarded as unrestricted in respect of trademark and brand protection legislation and could thus be used by anyone.

Cover image: www.ingimage.com

This book is a translation from the original published under ISBN 978-3-659-85114-8.

Publisher:
Sciencia Scripts
is a trademark of
Dodo Books Indian Ocean Ltd. and OmniScriptum S.R.L publishing group

120 High Road, East Finchley, London, N2 9ED, United Kingdom
Str. Armeneasca 28/1, office 1, Chisinau MD-2012, Republic of Moldova, Europe

ISBN: 978-620-3-59237-5

Copyright © Sunil Gupta, Meena Tushir
Copyright © 2024 Dodo Books Indian Ocean Ltd. and OmniScriptum S.R.L publishing group

INHALT

Danksagung 2
Abstrakt 3
Kapitel I 4
Kapitel-II 10
Kapitel-III 15
Kapitel-IV 37
Kapitel-V 41
Kapitel-VI 42
Referenzen 51

DANKSAGUNG

Die Forschungsarbeit in diesem Buch ist das Ergebnis der Inspiration und Ermutigung durch viele Menschen, für die diese Worte des Dankes nur ein Zeichen meiner Dankbarkeit und Wertschätzung sind.

Ich möchte Dr. S. Chatterji, Prof. und Leiter der Abteilung für Elektrotechnik, NITTTR Chandigarh, meine überwältigende Dankbarkeit und meinen immensen Respekt für seine wertvolle Anleitung, ständige Ermutigung und konstruktive Kritik ausdrücken, um dieses Manuskript in die vorliegende Form zu bringen. Seine hingebungsvolle Art der konstruktiven Arbeit und seine fortschrittliche Einstellung haben mich ermutigt, diese Aufgabe zu übernehmen und sie innerhalb der vorgegebenen Zeit zu beenden.

Es ist mir ein Privileg, Frau Meena Tushir, Associate Professor (HOD), Department of Electrical & Electronics Engineering, MSIT, Janak Puri, New Delhi, meinen aufrichtigen Dank für ihren fachkundigen Rat und ihre wertvollen Vorschläge auszusprechen.

Ich möchte auch allen Dozenten und Mitarbeitern der Abteilung für Elektrotechnik, NITTTR Chandigarh, danken, die mir von Zeit zu Zeit geholfen haben, diese anspruchsvolle Arbeit zu einem erfolgreichen Abschluss zu bringen.

Ich bin allen Dozenten und Mitarbeitern der Abteilung für Elektrotechnik und Elektronik des Maharaja Surajmal Institute of Technology, Janak Puri, Neu-Delhi, für ihre Unterstützung in verschiedenen Phasen meines Studiums dankbar. Vielen Dank an alle!!!

Diese Danksagung wäre unvollständig, wenn ich nicht meinen Eltern, meiner Frau Alka Gupta, meinem Sohn Aarush Gupta sowie meiner ganzen Familie, meinen Freunden und Verwandten für ihre wunderbare Liebe und Unterstützung danken würde; sie motivierte mich, höhere Ziele im Leben anzustreben.

Vielen Dank an alle!!!

Sunil Gupta

ABSTRAKT

Unter den verschiedenen Fuzzy-Modellierungstechniken hat das Takagi-Sugeno-Modell (TS) die meiste Aufmerksamkeit auf sich gezogen. Dieses Modell besteht aus "Wenn-Dann"-Regeln mit Fuzzy-Antezedenten und mathematischen Funktionen im konsequenten Teil. Die antezedenten Fuzzy-Mengen partitionieren den Eingaberaum in eine Reihe von Fuzzy-Regionen, während die konsequente Funktion eine lineare oder nicht lineare Beziehung zwischen den Eingaben und dem Ausgaberaum herstellt. Zunächst wird der Eingaberaum mit Hilfe eines Fuzzy-Clustering-Algorithmus partitioniert. Es gibt auch keinen verallgemeinerten Ansatz für die Bestimmung eines optimalen Regelsatzes; Clustering kann verwendet werden, um die optimale Anzahl von Regeln aus den zentralen Positionen im Input-Output-Hyperraum zu bestimmen, basierend auf der Optimierung einer bestimmten Zielfunktion.

FCM Clustering wurde zur Partitionierung der Input-Output-Daten und zur Bestimmung der Anzahl der Regeln verwendet. Unter der Annahme einer Gaußschen Zugehörigkeitsfunktion für die Prämissen wird die Technik des Gradientenabstiegs zur Aktualisierung der Parameter verwendet. Die Leistung des Modells wurde anhand des Benchmark-Problems der Identifizierung nichtlinearer Anlagendaten und anhand eines realen Datenproblems getestet, bei dem es sich um ein Modell für die Steuerung einer Chemieanlage durch einen Bediener handelt.

Lineare Regler (P, PI und PID) sind in Industrieanlagen weit verbreitet. In vielen Fällen funktioniert der Linearregler jedoch nicht mehr und muss durch einen menschlichen Bediener ersetzt werden. Eine der Stärken des Fuzzy-Regelungsansatzes ist die Möglichkeit, dieses menschliche Fachwissen in den Regler zu integrieren. Der Fuzzy-Regler sorgt für die Stabilität des zu regelnden Systems und gewährleistet Robustheit gegenüber Änderungen der Systemparameter. Die Leistung des Fuzzy-Reglers wurde an künstlichen Daten getestet.

KAPITEL I

Ein Überblick über Systeme und ihre Kontrolle

1.1 Einführung

Ein System besteht aus regelmäßig interagierenden oder miteinander in Beziehung stehenden Gruppen von Aktivitäten. Im allgemeinsten Sinne ist ein System eine Konfiguration von Teilen, die durch ein Netz von Beziehungen miteinander verbunden und verknüpft sind. Alle Systeme, ob elektrisch, biologisch oder sozial, haben gemeinsame Muster, Verhaltensweisen und Eigenschaften, die verstanden und genutzt werden können, um einen besseren Einblick in das Verhalten komplexer Phänomene zu gewinnen und einer einheitlichen Wissenschaft näher zu kommen. Komplexe adaptive Systeme sind ein Sonderfall komplexer Systeme. Sie sind komplex, weil sie von Natur aus vielfältig sind und aus mehreren miteinander verbundenen Elementen bestehen, und adaptiv, weil sie die Fähigkeit haben, sich zu verändern und aus Erfahrungen zu lernen.

Systems Engineering ist ein interdisziplinärer Ansatz und ein Mittel, um die Realisierung und den Einsatz erfolgreicher Systeme zu ermöglichen. Es kann als die Anwendung von Ingenieurtechniken auf die Entwicklung von Systemen sowie als die Anwendung eines Systemansatzes auf die Entwicklungsarbeit betrachtet werden. Systems Engineering integriert andere Disziplinen und Fachgruppen in eine Teamarbeit und bildet einen strukturell entwickelten Prozess, der vom Konzept über die Produktion bis hin zu Betrieb und Entsorgung reicht. Systeme können grob in zwei Gruppen eingeteilt werden: (i) lineare Systeme (ii) nicht-lineare Systeme. Sie werden im Folgenden erörtert:

1.1.1   Lineares System

Ein **lineares System** ist ein mathematisches Modell eines Systems, das auf der Verwendung eines linearen Operators beruht. Lineare Systeme weisen in der Regel Merkmale und Eigenschaften auf, die viel einfacher sind als die des allgemeinen, nichtlinearen Falls. Als mathematische Abstraktion oder Idealisierung finden lineare Systeme wichtige Anwendungen in der automatischen Steuerungstheorie, der Signalverarbeitung und der Telekommunikation. Ein allgemeines deterministisches System kann durch den Operator H beschrieben werden, der eine Eingabe $x(t)$ als Funktion von t auf eine Ausgabe $y(t)$ abbildet, eine Art Black-Box-Beschreibung . Lineare Systeme erfüllen die Eigenschaften der Überlagerung und Skalierung: Bei zwei gültigen Eingaben

$$x_1(t)$$
$$x_2(t)$$
as well as their respective outputs
$$y_1(t) = H\{x_1(t)\}$$
$$y_2(t) = H\{x_2(t)\}$$

Dann muss ein lineares System $ay_1(t) + \beta y_2(t) = H\{ax_1(t)\} + H\{\beta x_2(t)\}$ für beliebige skalare Werte a und β erfüllen.

Das Verhalten des resultierenden Systems, das einem komplexen Eingang ausgesetzt ist, kann als Summe der Reaktionen auf einfachere Eingänge beschrieben werden. Diese mathematische Eigenschaft macht die Lösung von Modellierungsgleichungen einfacher als bei vielen nichtlinearen Systemen. Für zeitinvariante Systeme ist dies die Grundlage der Impulsantwort- oder Frequenzantwortmethoden, die eine allgemeine Eingangsfunktion $x(t)$ in Form von Einheitsimpulsen oder Frequenzkomponenten beschreiben.

Typische Differentialgleichungen linearer, zeitinvarianter Systeme eignen sich gut für die Analyse mit Hilfe der Laplace-Transformation im kontinuierlichen Fall und der Z-Transformation im diskreten Fall (insbesondere bei Computerimplementierungen). Eine andere Perspektive ist, dass die Lösungen linearer Systeme ein System von Funktionen umfassen, die sich wie Vektoren im geometrischen Sinne verhalten. Eine häufige Verwendung linearer Modelle besteht darin, ein nichtlineares System durch Linearisierung zu beschreiben. Dies geschieht in der Regel aus mathematischer Bequemlichkeit.

1.1.2 Nicht-lineares System

In der Mathematik ist ein **nichtlineares System** ein System, das nicht linear ist, d. h. ein System, das nicht dem Superpositionsprinzip entspricht. Das Verhalten des resultierenden Systems, das komplexen Eingaben unterworfen ist, kann im Falle nichtlinearer Systeme nicht als Summe von Antworten beschrieben werden. Weniger technisch gesehen ist ein nichtlineares System ein Problem, bei dem die zu lösende(n) Variable(n) nicht als lineare Summe unabhängiger Komponenten beschrieben werden können. Ein nicht homogenes System, das bis auf das Vorhandensein einer Funktion der unabhängigen Variablen linear ist, ist nach einer strengen Definition nichtlinear, aber solche Systeme werden in der Regel zusammen mit linearen Systemen untersucht, da sie in ein lineares System umgewandelt werden können, solange eine bestimmte Lösung bekannt ist. Im Allgemeinen sind nichtlineare Probleme schwierig (wenn überhaupt möglich) zu lösen und im Vergleich zu linearen Problemen viel weniger verständlich. Auch wenn sie nicht exakt lösbar sind, ist das Ergebnis eines linearen Problems ziemlich vorhersehbar, während das Ergebnis eines nichtlinearen Problems dies von Natur aus nicht ist.

Nichtlineare Probleme sind für Physiker und Mathematiker von Interesse, da die meisten physikalischen Systeme von Natur aus nichtlinear sind. Physikalische Beispiele für lineare Systeme sind nicht sehr häufig. Nichtlineare Gleichungen sind schwer zu lösen und führen zu interessanten Phänomenen wie dem Chaos. Das Wetter ist ein bekanntes nichtlineares Phänomen, bei dem einfache Veränderungen in einem Teil des Systems komplexe Auswirkungen auf das gesamte System haben. Eine der größten Schwierigkeiten bei nichtlinearen Problemen besteht darin, dass es im Allgemeinen nicht möglich ist, bekannte Lösungen zu neuen Lösungen zu kombinieren. Bei linearen Problemen zum Beispiel kann eine Familie linear unabhängiger Lösungen verwendet werden, um allgemeine Lösungen durch das Überlagerungsprinzip zu konstruieren. Bei nichtlinearen Gleichungen ist es oft möglich, mehrere sehr spezifische Lösungen zu finden; das Fehlen eines Überlagerungsprinzips verhindert jedoch die Konstruktion neuer Lösungen.

1.1.3 Nichtlinearitäten in Systemen

Absolut perfekte Linearität gibt es in keinem realen System. Es gibt viele verschiedene Arten von Nichtlinearität, die in unterschiedlichem Ausmaß in allen mechanischen Systemen vorkommen, obwohl sich viele reale Systeme dem linearen Verhalten annähern, insbesondere bei kleinen Eingangspegeln. Wenn ein System nicht vollkommen linear ist, erzeugt es an seinem Ausgang Frequenzen, die an seinem Eingang nicht vorhanden sind. Ein Beispiel dafür ist ein Stereoverstärker oder ein Tonbandgerät, das Oberwellen des Eingangssignals erzeugt. Dies wird als "harmonische Verzerrung" bezeichnet und verschlechtert die Qualität der wiedergegebenen Musik. Oberschwingungsverzerrungen werden bei hohen Signalpegeln fast immer viel schlimmer. Ein Beispiel hierfür ist ein kleines Radio, das bei niedriger Lautstärke relativ "sauber" klingt, bei hoher Lautstärke jedoch rau und verzerrt klingt.

Viele Systeme reagieren auf kleine Eingaben nahezu linear, werden aber bei höheren Erregungsstärken nichtlinear. Manchmal gibt es einen bestimmten Schwellenwert, bei dem Eingangspegel, die nur wenig über dem Schwellenwert liegen, zu grober Nichtlinearität führen. Ein Beispiel für diese ist das "Clipping" eines Verstärkers, wenn sein Eingangssignalpegel die Spannungs- oder Stromschwankungsfähigkeit seiner Stromversorgung übersteigt. Dies ist vergleichbar mit einem mechanischen System, bei dem sich ein Teil frei bewegen kann, bis es auf einen Anschlag stößt, z. B. ein Loslagergehäuse, das sich ein wenig bewegen kann, bevor es von den Befestigungsschrauben gestoppt wird.

1.1.4 Warum nichtlineare Steuerung?

Obwohl die lineare Steuerung auf eine lange Geschichte erfolgreicher industrieller Anwendungen zurückblicken kann, haben Forscher und Konstrukteure aus so unterschiedlichen Bereichen wie Luft- und Raumfahrt, Robotik, Prozesssteuerung, Biomedizintechnik usw. in letzter Zeit großes Interesse an der Entwicklung und Anwendung nichtlinearer Steuerungsmethoden gezeigt. Dafür gibt es viele Begründungen. Einige von ihnen werden im Folgenden erörtert:

(i) Lineare Regelungsmethoden beruhen auf der Grundannahme, dass das lineare Modell nur in einem kleinen Bereich funktioniert, um gültig zu sein. Wenn der erforderliche Betriebsbereich groß ist, ist die Wahrscheinlichkeit groß, dass ein linearer Regler sehr schlecht arbeitet oder instabil ist, weil die Nichtlinearitäten im System nicht richtig kompensiert werden können. Nichtlineare Regler hingegen können die Nichtlinearitäten im Weitbereichsbetrieb direkt verarbeiten.

(ii) Eine wichtige Annahme der linearen Steuerung ist, dass das Systemmodell tatsächlich linearisierbar ist. In der Steuerung gibt es jedoch viele Nichtlinearitäten, deren diskontinuierliche Natur keine lineare Annäherung zulässt. Zu diesen so genannten "harten Nichtlinearitäten" gehören Faktoren wie Coulomb-Reibung, Sättigung, Totzonen, Umkehrspiel, Hysterese usw., die in der Regelungstechnik häufig anzutreffen sind.

(iii) Beim Entwurf linearer Regler muss davon ausgegangen werden, dass die Parameter des Systemmodells hinreichend gut bekannt sind. Viele Regelungsprobleme sind jedoch mit Unsicherheiten bei den Modellparametern verbunden. Dies kann auf eine langsame zeitliche Änderung der Parameter (z. B. Umgebungsluftdruck während eines Flugzeugs) oder auf eine abrupte Änderung der Parameter zurückzuführen sein.

Daher ist das Thema nichtlineare Regelung ein wichtiger Bereich der automatischen Regelung. Das Erlernen grundlegender Techniken der Analyse und des Entwurfs nichtlinearer Steuerungen kann die Fähigkeit eines Steuerungs- und Regelungsingenieurs zur effektiven Bewältigung praktischer Steuerungsprobleme erheblich verbessern. Außerdem wird dadurch ein besseres Verständnis der realen Welt vermittelt, die von Natur aus nichtlinear ist. Das Thema nichtlinearer Regelungsentwurf für den Betrieb in großen Bereichen hat besondere Aufmerksamkeit auf sich gezogen, weil einerseits das Aufkommen leistungsfähiger Mikroprozessoren die Implementierung nichtlinearer Regler relativ einfach gemacht hat und andererseits moderne Technologien wie Hochgeschwindigkeitsroboter mit hoher Genauigkeit oder Hochleistungsflugzeuge usw. Regelungssysteme mit viel strengeren Entwurfsspezifikationen erfordern.

1.2 Bestandteile von Soft Computing und herkömmlicher KI

Die Wissenschaft hat sich aus dem Versuch entwickelt, das Verhalten des Universums und der Systeme darin zu verstehen und vorherzusagen. Vieles davon beruht auf der Suche nach geeigneten Modellen, die mit den Beobachtungen übereinstimmen. Diese Modelle liegen in symbolischer Form vor, die der Mensch verwendet, und in mathematischer Form, die sich aus physikalischen Gesetzen ergibt. Die meisten Systeme sind kausaler Natur und können entweder als statisch eingestuft werden, bei denen der Output von den aktuellen Inputs abhängt, oder als dynamisch, bei denen der Output nicht nur von den aktuellen Inputs, sondern auch von den Inputs und Outputs der Vergangenheit abhängt. Systeme können auch unbeobachtbare Inputs haben, die nicht gemessen werden können, aber den Output des Systems beeinflussen. Diese werden als Störungen bezeichnet, die den Modellierungsprozess erschweren.

Vor allem die moderne Regelungstheorie hat in Bereichen, in denen die Systeme gut definiert sind, enorme Erfolge erzielt, ist aber trotz der Entwicklung eines umfangreichen mathematischen Wissens nicht in der Lage, die praktischen Anforderungen vieler industrieller Prozesse und Systeme zu erfüllen. Dafür gibt es zweifellos viele Gründe, aber im Grunde ist es der Mangel an detaillierten strukturellen Kenntnissen der Prozesse und Systeme, der parametrische/strukturelle Unsicherheiten und Ungenauigkeiten verhindert, die die Nutzung des vorhandenen Wissens ausschließen. Trotzdem ist festzustellen, dass ein Bediener in einer ziemlich großen Zahl von industriellen Situationen in der Lage ist, ein System manuell (oder halbautomatisch) auf der Grundlage seiner Erfahrung und/oder seiner Kenntnis der Anlage zu steuern. Die Fähigkeit des Bedieners, sprachliche Aussagen über den Prozess zu interpretieren und qualitativ zu denken, wirft die Frage auf, *ob diese Informationen in intelligenten Systemen genutzt werden können*. Es wird davon ausgegangen, dass der Bediener in der Lage ist, seine Aufgabe auf der Grundlage von Lern- und ungefähren Denkfähigkeiten des menschlichen Gehirns, die die Intelligenz ergänzen, zu erfüllen. Dies wird jedoch normalerweise nicht berücksichtigt, wenn ein präzises mathematisches Modell abgeleitet wird.

Um die Komplexität dynamischer Systeme zu bewältigen, gab es in den letzten zweieinhalb Jahrzehnten bedeutende Entwicklungen in der Modellierung und Steuerung. Komplexe Probleme der realen Welt erfordern intelligente Systeme, die Wissen, Techniken und Methoden aus verschiedenen Quellen kombinieren. Diese intelligenten Systeme sollen in einem bestimmten Bereich über menschenähnliches Fachwissen verfügen, sich selbst anpassen und lernen, um in einer sich verändernden Umgebung besser zurechtzukommen, und erklären, wie sie Entscheidungen treffen oder Maßnahmen ergreifen. Soft Computing besteht aus mehreren Computerparadigmen, darunter neuronale Netze, Fuzzy-Set-Theorie, approximatives Denken und ableitungsfreie Optimierungsmethoden wie genetische Algorithmen und simuliertes Annealing. Jede dieser Methoden hat ihre eigenen Stärken. Sie werden im Folgenden kurz erörtert:

(i) *Neuronale Netze* sind biologischen Nervensystemen nachempfunden, erkennen Muster und passen sie an, um mit sich verändernden Umgebungen fertig zu werden. Die Forscher modellieren das Gehirn als zeitkontinuierliche, nichtlineare Dynamik in konnektionistischen Architekturen, die die Mechanismen des Gehirns zum Zweck der Simulation nachahmen sollen.

(ii) *Fuzzy-Inferenzsysteme* bieten ein systematisches Kalkül, um mit ungenauen und unvollständigen Informationen sprachlich umzugehen, und führen numerische Berechnungen durch, indem sie linguistische Bezeichnungen verwenden, die durch Zugehörigkeitsfunktionen festgelegt sind. Darüber hinaus bildet die Auswahl von unscharfen Wenn-dann-Regeln die Schlüsselkomponente eines Fuzzy-Inferenzsystems, das die menschliche Expertise in einer bestimmten Anwendung effektiv modellieren kann.

(iii) *Die herkömmliche* KI-Forschung konzentriert sich auf den Versuch, menschliches intelligentes Verhalten nachzuahmen, indem es in einer Sprache oder in Form von symbolischen Regeln ausgedrückt wird. Konventionelle KI manipuliert im Wesentlichen Symbole unter der Annahme, dass ein solches Verhalten in symbolisch strukturierten Wissensbasen gespeichert werden kann. Dies ist die so genannte physikalische Symbolsystemhypothese. Symbolische Systeme bieten eine gute Grundlage für die Modellierung menschlicher Experten in einigen engen Problembereichen, wenn explizites Wissen vorhanden ist. Das erfolgreichste konventionelle KI-Produkt ist das wissensbasierte System oder Expertensystem.

Da die vorliegende Arbeit auf der Anwendung von Fuzzy-Logik basiert, wird im dritten Kapitel eine kurze Erklärung der Fuzzy-Logik gegeben.

KAPITEL-II

LITERATURÜBERSICHT

Das Konzept eines mathematischen Modells ist von grundlegender Bedeutung für die Systemanalyse und -gestaltung, die die Darstellung von Systemphänomenen als funktionale Abhängigkeit zwischen interagierenden Eingangs- und Ausgangsvariablen erfordert. Einer der wichtigsten Vorteile von Iuzzy-Modellen besteht darin, dass sie in der Lage sind, mit sprachlichen und numerischen Informationen systematisch und effizient umzugehen. Die zweite wichtige Eigenschaft von Iuzzy-Modellen ist ihre Fähigkeit, mit Nichtlinearität umzugehen. Während jedoch die Systemidentifikationstechniken für lineare Systeme inzwischen gut entwickelt sind und breite Anwendung finden, gibt es nur sehr wenige Ergebnisse für die Identifikation nichtlinearer Systeme

Nach der Definition von Zadeh [1] besteht das Problem der Systemidentifikation bei einer Klasse von Modellen darin, ein Modell innerhalb der Klasse zu identifizieren, das im Hinblick auf die Input-Output-Datenpaare als äquivalent zu einem Zielsystem angesehen werden kann. Das identifizierte Modell kann dann zur Erklärung des Verhaltens des Zielsystems sowie für Vorhersage- und Steuerungszwecke verwendet werden. Mit der bahnbrechenden Arbeit von Zadeh [1] haben Iuzzy-Logik-Systeme die Aufmerksamkeit verschiedener Forscher auf dem Gebiet der Steuerung auf sich gezogen. Es wurde festgestellt, dass FLS-Techniken die Entwicklungszeit und die Kosten für die Synthese nichtlinearer Regler für dynamische Systeme drastisch reduzieren. Bei der Fuzzy-Logik wird nicht auf eine präzise mathematische Modellierung zurückgegriffen, sondern das Modell eines Systems und der Regler werden aus einigen Regeln abgeleitet, die in linguistischer Form als Fuzzy-Modell bezeichnet werden. Diese Regeln, die in Form von linguistischen Variablen formuliert sind, nutzen einige Argumentationsmethoden, die entweder auf Erfahrung oder auf fortgeschrittenem Ingenieurwissen beruhen.

Die unscharfe Systemidentifikation [2, 3, 4] hat in der Vergangenheit großes Interesse geweckt. Bei dieser Technik wird in der Regel davon ausgegangen, dass es kein Vorwissen über das System gibt oder dass das Expertenwissen nicht ausreichend vertrauenswürdig ist. In diesem Fall verwendet man statt einer festen Vorabinterpretation des Systems häufig rohe Input-Output-Daten, um das eigene Vorwissen zu erweitern oder vielleicht sogar neues Wissen über das System zu generieren. Dieser Ansatz wurde ursprünglich von Takagi-Sugeno-Kang unter dem Namen der Fuzzy-Modellierung vorgeschlagen. Die TSK-Modellierung wird auch als

Systemidentifikation bezeichnet [5].

Der erste Schritt zur Erstellung eines Modells besteht in der Identifizierung der wichtigsten Eingaben unter den vielen Eingabekandidaten. Bei Systemen mit Zeitverzögerung sind die vorherigen Eingänge die Eingangskandidaten für ein Modell. Signifikante frühere Eingaben sind in der Lage, die Zeitverzögerungen im Modell eines tatsächlichen Systems zu verarbeiten. Um andererseits die Dynamik eines Systems in sein Modell einzubeziehen, werden die vergangenen Ausgaben als Eingabekandidaten für ein Modell verwendet. Die signifikanten früheren Ausgaben, wenn sie als Eingaben für das Modell betrachtet werden, bedeuten die Dynamik eines Systems.

Bei der Modellierung realer Systeme wird in der Regel mit einer großen Anzahl von Eingangsgrößen gearbeitet. Um einfache und transparente, aber dennoch genaue und zuverlässige Modelle zu erhalten, müssen die wichtigsten Variablen bestimmt werden. Bei der Fuzzy-Modellierung gibt es keine strengen Kriterien für die Auswahl der Eingaben. Daher müssen heuristische Methoden eingesetzt werden. Um eine optimale Lösung zu finden, müssen oft verschiedene Modelle für jede mögliche Kombination von Eingaben untersucht werden, was selbst bei einer angemessenen Anzahl von Eingabeattributen rechnerisch nicht zu bewältigen ist. Um dies zu vermeiden, wurden heuristische Methoden verwendet, die Fuzzy-Modelle sequentiell erzeugen, indem sie die Anzahl der beteiligten Eingaben erhöhen (Vorwärtsselektion) [6] oder verringern (Rückwärtsselektion) [7, 8]. Diese Methoden verringern den Rechenaufwand für die kombinatorische Suche, beseitigen ihn aber nicht.

Andere Ansätze zur Auswahl von Eingaben sind Fuzzy-Kurven und Fuzzy-Flächen [9] sowie die Eliminierung von Eingaben auf der Grundlage von Ko-Relationen. Diese Methoden erfordern weniger Rechenaufwand als die oben genannten Vorwärts- und Rückwärtsselektionsmethoden. Der Modellfehler ist am geringsten, wenn die identifizierten Variablen diejenigen sind, die die Ausgabe des Systems beeinflussen. Wenn einige Variablen fehlen oder einige zusätzliche Variablen identifiziert werden, ist der Modellfehler bei der Fuzzy-Modellierung nicht minimal. Es wird ein neues Kriterium vorgeschlagen, um unter den Eingabekandidaten mit Hilfe der Fuzzy-Kurve nur die Variablen zu identifizieren, die sich tatsächlich auf die Ausgabe des Systems auswirken. Ausgehend von der Annahme, dass der Output für jeden Input einzeln bewertet wird, können Fuzzy-Kurven auch zur Bestimmung der Anzahl der Regeln verwendet werden.

Der zweite Schritt ist die Strukturidentifikation [10, 11], die eine Schätzung der Parameter für die spezifizierte Modellstruktur beinhaltet. Für ein lineares dynamisches System ist die Parameterschätzung eine einfache Aufgabe, und es wurden bereits bekannte Algorithmen entwickelt, aber für ein nichtlineares dynamisches System ist sie nicht so einfach. Aufgrund dieser Schwierigkeit haben Fuzzy-Logik-Techniken die Aufmerksamkeit verschiedener Forscher auf sich gezogen.

Unter den verschiedenen Fuzzy-Modellierungstechniken hat das Takagi-Sugeno-Modell (TS) [5] die meiste Aufmerksamkeit auf sich gezogen. Dieses Modell besteht aus "Wenn-Dann"-Regeln mit Fuzzy-Antezedenten und mathematischen Funktionen im konsequenten Teil. Die antezedenten Fuzzy-Mengen partitionieren den Eingaberaum in eine Reihe von Fuzzy-Regionen, während die konsequente Funktion eine lineare oder nicht-lineare Beziehung zwischen den Eingaben und dem Ausgaberaum herstellt. Zunächst wird der Eingaberaum mit Hilfe eines Fuzzy-Clustering-Algorithmus partitioniert. Es gibt auch keinen verallgemeinerten Ansatz für die Bestimmung eines optimalen Regelsatzes; Clustering kann verwendet werden, um die optimale Anzahl von Regeln aus den zentralen Positionen im Input-Output-Hyperraum zu bestimmen, basierend auf der Optimierung einer bestimmten Zielfunktion.

Beim Fuzzy-Clustering hat jeder Punkt einen Grad der Zugehörigkeit zu Clustern, wie in der Fuzzy-Logik, und gehört nicht vollständig zu nur einem Cluster. So können Punkte am Rande eines Clusters zu einem geringeren Grad zu dem Cluster gehören als Punkte in der Mitte des Clusters. Fuzzy C-Means ist ein Algorithmus zum Clustering von Daten, bei dem jeder Datenpunkt zu einem durch einen Zugehörigkeitsgrad festgelegten Grad zu einem Cluster gehört und das Clustering auf der Grundlage der Minimierung des Gesamtabstands jedes Datenpunkts zu den Clusterzentren erfolgt. Ein kritisches Problem für den FCM-Algorithmus ist die Bestimmung der optimalen Anzahl von Clustern. Er kann nur Cluster mit gleicher Form und Ausrichtung erkennen. Außerdem gibt es keine Garantie dafür, dass FCM zu einer optimalen Lösung konvergiert.

Gustafson und Kessel [12] erweiterten den standardmäßigen Fuzzy-c-means-Algorithmus durch die Verwendung eines adaptiven Abstands, um Cluster mit unterschiedlichen geometrischen Formen in einem Datensatz zu erkennen. Allerdings treten beim Standard-GK-Clustering häufig numerische Probleme auf, wenn die Anzahl der Datenproben klein ist oder wenn die Daten innerhalb eines Clusters linear korreliert sind. In solchen Fällen wird die Kovarianzmatrix des Clusters singulär und kann nicht invertiert werden, um die norminduzierende Matrix zu berechnen. Gath und Geva [13] verwendeten einen auf einer unscharfen Maximum-Likelihood-Schätzung basierenden Clusteralgorithmus, der in der Lage ist, Cluster unterschiedlicher Form, Größe und Dichte zu erkennen. Die Kovarianzmatrix der Cluster wird in Verbindung mit einem "exponentiellen" Abstand verwendet, und die Cluster sind in ihrer Größe nicht eingeschränkt.

Dieser Algorithmus ist jedoch weniger robust in dem Sinne, dass er eine gute Initialisierung benötigt, da er aufgrund der exponentiellen Abstandsnorm zu einem nahen lokalen Optimum konvergiert.

Yager und Filev [14] entwickelten die Mountain-Methode zur Schätzung von Clusterschwerpunkten. Diese einfache Methode schätzt die Clusterschwerpunkte durch Konstruktion und Zerstörung der Bergfunktion in einem Gitterraum. Obwohl die Mountain-Methode für niedrigdimensionale Datensätze effektiv ist, wird sie bei der Anwendung auf hochdimensionale Daten untragbar ineffizient. Um die Rechenkomplexität dieser Methode zu verringern, schlug Chiu [15] vor, die Bergfunktion auf den Datenpunkten statt auf den Gitterpunkten zu berechnen, ein Ansatz, der als subtraktives Clustering bekannt ist. Diese Methode kann als eigenständiges Clustering oder zur Schätzung der anfänglichen Clusterschwerpunkte für andere Clustering-Methoden wie FCM [16] verwendet werden.

Die Hauptprobleme bei der Clusterbildung sind: (i) wie man die Anzahl c der Cluster für einen gegebenen Satz von Vektoren findet, wenn c unbekannt ist, und (ii) wie man die Gültigkeit einer gegebenen Clusterung eines Datensatzes in c Cluster bewertet.

Die Pionierarbeit von Takagi und Sugeno [5] auf dem Gebiet der Fuzzy-Modellierung und -Regelung hat zu mehreren in der Literatur veröffentlichten Arbeiten geführt [17-18]. Hierbei handelt es sich um einen Multi-Modell-Ansatz [19]. Die Grundidee dieses Ansatzes besteht darin, den komplizierten Eingaberaum in Unterräume zu zerlegen und dann das System in jedem Unterraum durch ein einfaches lineares Regressionsmodell zu approximieren. Das gesamte Fuzzy-Modell wird als eine Kombination von miteinander verbundenen Teilsystemen mit einfacheren Modellen betrachtet. Später haben Yager und Filev [20] anstelle der linearen Regression von Sugeno [11] eine nichtlineare Regression für den konsequenten Teil verwendet. Die erste Anwendung der Fuzzy-Logik für den Reglerentwurf durch Mamdani [21] unter Berücksichtigung struktureller/parametrischer Unsicherheiten und der Ungenauigkeit von Prozessen gab den Anstoß zu verschiedenen Regelungsanwendungen.

Beim Black-Box-Ansatz müssen wir ein dynamisches Modell erstellen, das nur Input-Output-Daten verwendet. Diese Phase der Modellierung wird gewöhnlich als Identifikation bezeichnet. Das TS-Modell hat die ausgezeichnete Fähigkeit, ein gegebenes unbekanntes System zu beschreiben, und eignet sich sehr gut für die modellbasierte Steuerung. Die Identifizierung der Prämissen hat zwei Probleme: Zum einen müssen wir herausfinden, welche Variablen in den Prämissen erforderlich sind. Das andere Problem besteht darin, eine optimale Fuzzy-Partition des Eingaberaums zu finden, ein Problem, das der Fuzzy-Modellierung eigen ist [1].

Der Eingaberaum (Prämissenraum) des Modells wird in eine Anzahl von Unterräumen unterteilt. Die Anzahl der Regeln entspricht der Anzahl der Fuzzy-Unterräume.

KAPITEL-III

FUZZYLOGIC

3.1 Einführung

Das Konzept der unscharfen Logik (FL) wurde von Lotif Zadeh [1], Professor an der Universität von Kalifornien in Berkley, als eine Methode zur Verarbeitung von Daten entwickelt, bei der die Zugehörigkeit zu einer Teilmenge anstelle der Zugehörigkeit oder Nichtzugehörigkeit zu einer eindeutigen Menge zugelassen wird. FL ist eine problemlösende Kontrollsystem-Methodik, die sich für die Implementierung in Systemen eignet, die von einfachen, kleinen, eingebetteten Mikrocontrollern bis hin zu großen, vernetzten, mehrkanaligen PC- oder Workstation-basierten Datenerfassungs- und Kontrollsystemen reichen. Sie kann in Hardware, Software oder einer Kombination aus beidem implementiert werden. FL bietet eine einfache Möglichkeit, auf der Grundlage vager, mehrdeutiger, ungenauer, verrauschter oder fehlender Eingabedaten zu einer eindeutigen Schlussfolgerung zu gelangen. Der FL-Ansatz für Steuerungsprobleme ahmt nach, wie ein Mensch Entscheidungen treffen würde, nur viel schneller.

Fuzzy Logic ist eine alternative Entwurfsmethodik, die einfacher und schneller ist. Fuzzy Logic verkürzt den Entwicklungszyklus, vereinfacht die Komplexität des Entwurfs und verkürzt die Markteinführungszeit. Sie ist eine bessere alternative Lösung für nichtlineare Steuerungen. Fuzzy Logic verbessert die Steuerungsleistung, vereinfacht die Implementierung und reduziert die Hardwarekosten. Sie kann sowohl bei der Entwicklung linearer als auch nichtlinearer Systeme für eingebettete Steuerungen eingesetzt werden. Durch den Einsatz von Fuzzy-Logik können Konstrukteure niedrigere Entwicklungskosten, bessere Funktionen und eine bessere Leistung des Endprodukts erzielen. Außerdem können Produkte schneller und kosteneffizienter auf den Markt gebracht werden.

Beim herkömmlichen Ansatz besteht unser erster Schritt darin, das physikalische System und seine Steuerungsanforderungen zu verstehen. Auf der Grundlage dieses Verständnisses wird in einem zweiten Schritt ein Modell entwickelt, das die Anlage, die Sensoren und die Aktoren umfasst. Der dritte Schritt ist die Anwendung der linearen Regelungstheorie, um eine vereinfachte Version des Reglers zu bestimmen, beispielsweise die Parameter eines PID-Reglers. Der vierte Schritt ist die Entwicklung eines Algorithmus für den vereinfachten Regler. Der letzte Schritt besteht darin, den Entwurf zu simulieren und dabei die Auswirkungen von Nichtlinearität, Rauschen und Parameteränderungen zu berücksichtigen. Wenn die Leistung nicht zufriedenstellend ist, müssen wir unsere Systemmodellierung ändern, den Regler neu entwerfen, den Algorithmus neu schreiben und den Prozess erneut versuchen. Bei der Fuzzy-Logik besteht der erste Schritt darin, das Systemverhalten mit Hilfe unseres Wissens und unserer Erfahrung zu verstehen und zu charakterisieren. Der zweite Schritt besteht darin, den Regelalgorithmus direkt mit Hilfe von Fuzzy-Regeln zu entwerfen, die die Prinzipien der Regelung des Reglers in Bezug auf die Beziehung zwischen seinen Eingängen und Ausgängen beschreiben. Im letzten Schritt wird der Entwurf simuliert und getestet. Wenn die Leistung nicht zufriedenstellend ist, brauchen wir nur einige Fuzzy-Regeln zu ändern und es erneut zu versuchen.

Obwohl die beiden Entwurfsmethoden ähnlich sind, vereinfacht die Fuzzy-Methode die Entwurfsschleife erheblich, da sie die komplexe Mathematik in ihrem mathematischen Modell eliminiert. Daraus ergeben sich einige wesentliche Vorteile, die im Folgenden genannt werden:

- Mit einer Fuzzy-Logik-Entwurfsmethodik entfallen einige zeitaufwändige Schritte. Außerdem kann man während des Debugging- und Tuning-Zyklus das System durch einfache Änderung der Regeln ändern, anstatt den Regler neu zu entwerfen. Da die Fuzzy-Steuerung auf Regeln basiert, muss man außerdem kein Experte in einer Hoch- oder Niedrigsprache sein, so dass man sich mehr auf seine Anwendung als auf die Programmierung konzentrieren kann. Infolgedessen verkürzt die Fuzzy-Logik den gesamten Entwicklungszyklus erheblich.

- Mit der Fuzzy-Logik kann man komplexe Systeme mit Hilfe seines Wissens und seiner Erfahrung in einfachen, englischsprachigen Regeln beschreiben. Sie erfordert keine Systemmodellierung oder komplexe mathematische Gleichungen, die die Beziehung zwischen Eingaben und Ausgaben regeln. Fuzzy-Regeln sind sehr leicht zu erlernen und zu verwenden, auch von Nicht-Experten. In der Regel werden nur wenige Regeln benötigt, um Systeme zu beschreiben, für die sonst mehrere Zeilen konventioneller Software erforderlich wären. Daraus wird ersichtlich, dass ein auf Fuzzy-Regeln basierender Ansatz die Komplexität des Entwurfs erheblich vereinfacht.

- Kommerzielle Anwendungen im Bereich der eingebetteten Steuerung erfordern einen erheblichen Entwicklungsaufwand, von dem ein Großteil auf den Softwareteil des Projekts entfällt. Die Entwicklungszeit ist eine Funktion der Komplexität des Entwurfs und der Anzahl der Iterationen, die für die Fehlersuche und den Abstimmungszyklus erforderlich sind. Es lässt sich also feststellen, dass eine auf Fuzzy basierende Entwurfsmethodik beide Probleme sehr effektiv angeht. Darüber hinaus ist die Beschreibung eines Fuzzy-Reglers aufgrund seiner Einfachheit nicht nur über die Grenzen von Entwicklungsteams hinweg übertragbar, sondern bietet auch ein hervorragendes Medium zur Erhaltung, Pflege und Verbesserung des geistigen Eigentums. Infolgedessen kann Fuzzy Logic die Zeit bis zur Marktreife drastisch verkürzen.

- Die meisten realen physikalischen Systeme sind in Wirklichkeit nichtlineare Systeme. Konventionelle Entwurfsansätze verwenden verschiedene Näherungsmethoden, um die Nichtlinearität zu behandeln. Typisch sind lineare, stückweise lineare und Nachschlagetabellen-Näherungen, um Faktoren wie Komplexität, Kosten und Systemleistung gegeneinander abzuwägen. Eine lineare Approximationstechnik ist relativ einfach, schränkt jedoch die Steuerungsleistung ein und kann bei bestimmten Anwendungen kostspielig sein. Eine stückweise lineare Technik funktioniert besser, ist aber mühsam zu implementieren, da sie oft den Entwurf mehrerer linearer Regler erfordert. Eine Nachschlagetabellentechnik kann zur Verbesserung der Regelungsleistung beitragen, ist aber schwierig zu debuggen und abzustimmen. Darüber hinaus kann eine Lookup-Tabelle in komplexen Systemen mit mehreren Eingängen aufgrund ihres großen Speicherbedarfs unpraktisch oder sehr kostspielig zu implementieren sein. Die Fuzzy-Logik bietet eine alternative Lösung für die nichtlineare Steuerung, da sie der realen Welt näher kommt. Die Nichtlinearität wird durch Regeln, Zugehörigkeitsfunktionen und den Inferenzprozess gehandhabt, was zu einer besseren Leistung, einer einfacheren Implementierung und geringeren Entwurfskosten führt.

Wenn das Modell eines Systems nicht von vornherein zur Verfügung steht, sondern nur die Input-Output-Datensätze verfügbar sind, ergibt sich die Notwendigkeit, Fuzzy-Logik-Techniken anzuwenden, um die Struktur, d.h. die Anzahl der Fuzzy-Regeln, des Systems zu bestimmen, nachdem die signifikanten Inputs, die den System-Output beeinflussen, ermittelt wurden. Sie hat eine transparente und interpretierbare Modellstruktur und ist in der Lage, eine hochgradig nichtlineare funktionale Beziehung mit einer angemessenen Anzahl von Fuzzy-Regeln darzustellen. Als Nächstes müssen wir die Parameter des dem Fuzzy-System zugrunde liegenden Modells erlernen, gefolgt von der Steuerung desselben Systems, damit es die gewünschte Leistung erbringt.

3.2 Unscharfe Logik und Systeme

Die Fuzzy-Logik wurde in den sechziger Jahren von den führenden Experten der Regelungstechnik erfunden, die erkannten, dass die Regelungstheorie mächtig genug geworden war, um ihre selbständig weiterzuentwickeln, dass es aber viele reale Probleme gab, die sie nicht lösen konnte. An den meisten realen Problemen komplexer Systeme sind Menschen beteiligt. Die Anwendung der Steuerungstheorie auf komplexe Steuerungssysteme erfordert daher ein formales

Verständnis dafür, wie ein menschlicher Bediener sein System versteht, welche Ziele er verfolgt und wie er bei der Steuerung vorgeht. Dies erfordert ein spezielles Werkzeug, um die vom Menschen stammenden Informationen auf flexible Weise darzustellen. Und hier kommt die Fuzzy-Logik ins Spiel.

Die Fuzzy-Logik wurde in erster Linie entwickelt, um eine bestimmte Form von Wissen darzustellen und damit zu argumentieren. Sie bezieht sich auf numerische Berechnungen auf der Grundlage von Fuzzy-Regeln zum Zwecke der Modellierung einer numerischen Funktion in der Systemtechnik. In der mathematischen Literatur bedeutet Fuzzy-Logik jedoch mehrwertige Logik mit dem Ziel der Modellierung von partiellem Wahrheitswert und Unschärfe. Schließlich wurde die Fuzzy-Logik von Zadeh [1] besser verstanden und umfasst auf Fuzzy-Mengen basierende Methoden für approximative Schlussfolgerungen.

3.3 Grundlegendes Fuzzy-Logik-Steuerungssystem

Wenn Fuzzy-Logik auf die Steuerung angewendet wird, spricht man allgemein von "Fuzzy-Logic-Control (FLC)". Fuzzy-Controller sind im Gegensatz zu klassischen Controllern in der Lage, das von menschlichen Bedienern gewonnene Wissen zu nutzen. Abb.3.1. zeigt den grundlegenden Aufbau eines FLC. Dies ist von entscheidender Bedeutung für Steuerungsprobleme, für die es schwierig oder sogar unmöglich ist, präzise mathematische Modelle zu konstruieren, oder für die die erworbenen Modelle schwierig oder teuer zu verwenden sind.

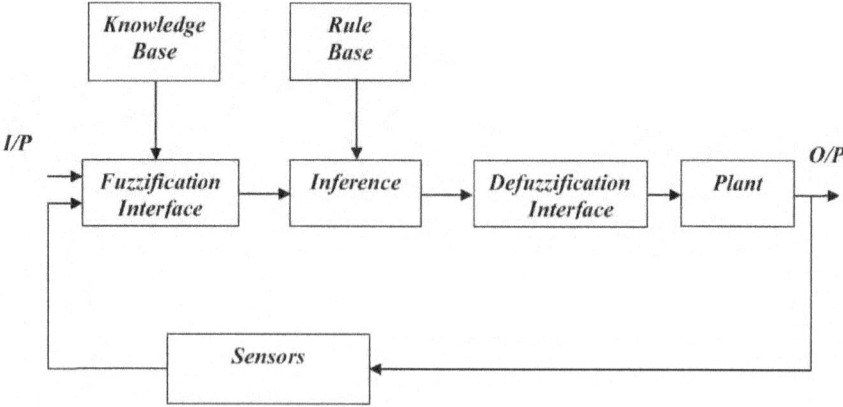

Abb. 3.1. Grundlegende Konfiguration derFLC

Diese Schwierigkeiten können sich aus inhärenten Nichtlinearitäten, der zeitlich veränderlichen Natur der zu steuernden Prozesse, großen unvorhersehbaren Umweltstörungen, sich verschlechternden Sensoren oder anderen Schwierigkeiten bei der Erlangung präziser und zuverlässiger Messungen und einer Vielzahl anderer Faktoren ergeben. Das Wissen lässt sich nur schwer in präzisen Begriffen ausdrücken, eine ungenaue sprachliche Beschreibung der Art und Weise der Steuerung kann vom Bediener in der Regel relativ leicht formuliert werden. Diese linguistische Beschreibung besteht aus einer Reihe von Steuerungsregeln, die auf Fuzzy-Sätzen beruhen.

3.3.1 Entwurfsparameter derFLC

Die wichtigsten Gestaltungselemente eines allgemeinen Fuzzy-Logik-Steuerungssystems sind die folgenden:

(i) Fuzzifizierungsstrategien und die Interpretation eines Fuzzifizierungsoperators oder Fuzzifierers.

Die Fuzzification-Schnittstelle umfasst die folgenden Funktionen:

(a) Messen Sie die Werte der Eingangsvariablen;

(b) Führen Sie die Skalenabbildung durch, die den Wertebereich der Eingabevariablen in das entsprechende Universum des Diskurses überträgt;

(c) Die Funktion der Fuzzifizierung, die Eingabedaten in geeignete linguistische Werte umwandelt, die als Etiketten von Fuzzy-Mengen betrachtet werden können.

(ii) Wissensdatenbank

(a) DiskretisierungNormalisierung des Universums des Diskurses.

(b) Unscharfe Partitionierung von Eingabe- und Ausgaberäumen

(c) Vollständigkeit der Partitionen

(d) Wahl der Mitgliedsfunktionen einer primären Fuzzy-Menge.

(iii) Regel Basis

(a) Wahl der Prozesszustandsvariablen (Eingangsvariablen) und der Steuerungsvariablen (Ausgangsvariablen).

(b) Quelle der Ableitung von Fuzzy-Regeln.

(c) Arten von Fuzzy-Regeln

(d) Konsistenz, Interaktivität, Vollständigkeit von Fuzzy-Regeln.

(iv) Logik der Entscheidungsfindung

Die Entscheidungslogik ist der Kern des FLC; sie ist in der Lage, die menschliche Entscheidungsfindung auf der Grundlage von Fuzzy-Konzepten zu simulieren und Fuzzy-Steuerungsaktionen abzuleiten.

(a) Definition einer unscharfen Implikation.

(b) Interpretation eines Satzkonnektivs *und*

(c) Auslegung eines Satzglieds *oder*

(d) Mechanismus der Inferenz.

(v) Defuzzifizierungsstrategien und die Interpretation einer Defuzzifizierung Betreiber (Entschärfer).

Die Defuzzification-Schnittstelle führt die folgenden Funktionen aus:

(a) Eine Skalenabbildung, die den Wertebereich der Ausgangsvariablen in das entsprechende Universum des Diskurses umwandelt.

(b) Defuzzifizierung, die aus einer abgeleiteten Fuzzy-Steuerungsaktion eine Nicht-Fuzzy-Steuerungsaktion macht.

3.3.2 Entwurf eines Fuzzy-Regelungssystems

Die meisten Regelungssituationen sind komplexer, als wir sie mathematisch erfassen können. In einer solchen Situation kann eine Fuzzy-Regelung entwickelt werden, vorausgesetzt, es existiert ein Wissensfundus über den Prozess, der in eine Reihe von Fuzzy-Regeln umgewandelt wird. Nehmen wir an, ein industrieller Prozessausgang ist gegeben. Wir können die Differenz zwischen dem gewünschten Ausgang und dem berechneten Ausgang, d.h. den Fehler, sowie die Fehlerquote berechnen. Die schematische Darstellung in Abb.3.2. zeigt diese Idee. Der Controller gibt eine Eingabe an den industriellen Prozess (physikalisches System). Das physikalische System antwortet mit einem Ausgang, der von einem Gerät abgetastet und gemessen wird. Der gemessene Ausgang ist eine eindeutige Größe, die in eine unscharfe Menge umgewandelt werden kann. Diese unscharfe Ausgabe wird dann als Fuzzy-Eingabe für einen Fuzzy-Regler betrachtet, der aus linguistischen Regeln besteht. Die Ausgabe des Fuzzy-Reglers ist dann eine weitere Reihe von Fuzzy-Mengen, die mit Hilfe von Defuzzifizierungsmethoden in knackige Größen umgewandelt werden müssen. Diese entschärften Steuerungs-Ausgangswerte werden dann zu Eingangswerten für das physikalische System, und der gesamte Kreislauf wird wiederholt.

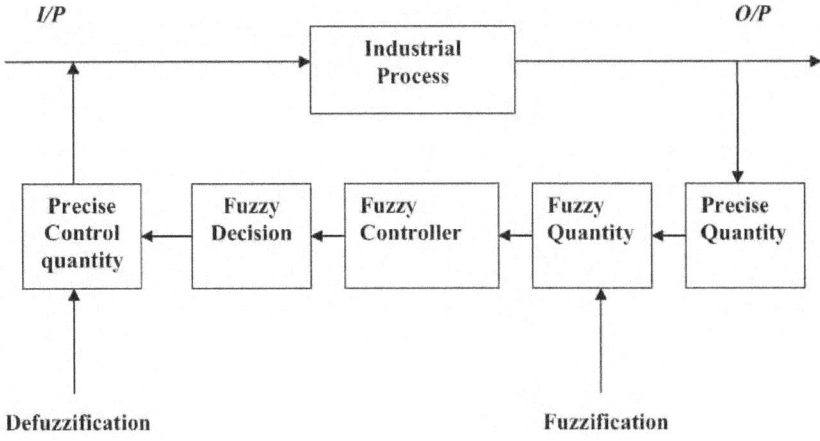

Abb.3.2. Typische Fuzzy-Regelungssituation im geschlossenen Regelkreis

3.3.3 Von der Fuzzy-Regelung zur Fuzzy-Modellierung

Eine Fuzzy-Regel in einem Mamdani [21]-Regler wird im Gegensatz dazu als kartesisches Fuzzy-Produkt seiner Fuzzy-Eingänge und seines Fuzzy-Ausgangs betrachtet. Sie ist ein Fuzzy-Punkt im Eingabe-Ausgabe-Raum, und die Menge der Fuzzy-Regeln wird als Fuzzy-Graph verstanden. Des Weiteren stellten Takagi und Sugeno [5] fest, dass die Verwendung von Fuzzy-Schlussfolgerungen nicht zwingend erforderlich war. Sie schlugen Fuzzy-Regeln mit unscharfen Bedingungen und präzisen Schlussfolgerungen vor. Sie stellten fest, dass die präzise Schlussfolgerung von den Eingangsvariablen abhängen kann, und eröffneten damit einen gangbaren Weg zur Identifizierung von Fuzzy-Systemen.

Dieser Vorschlag, ein dynamisches System durch eine Mischung von Modellen darzustellen, und die Identifizierungsmethode, sowohl strukturell als auch parametrisch, hatten einen bedeutenden Einfluss auf die Fuzzy-System-Forschung, nämlich: Es wird vorgeschlagen, dass ein auf Fuzzy-Regeln basierendes System als Werkzeug für die Modellierung nichtlinearer Systeme verwendet werden könnte. Sie veranlasste die Forscher, ein auf Fuzzy-Regeln basierendes System als universellen Approximator von Funktionen zu betrachten und damit eine Verbindung zwischen Fuzzy-Systemen und neuronalen Netzen zu schaffen. Außerdem wurde die Fuzzy-Regelung wieder in der Tradition der Regelungstechnik verankert: Wenn auf Fuzzy-Regeln basierende Modelle identifiziert werden können ( ), können Fuzzy-Regler aus den Fuzzy-Modellen gewonnen werden.

3.3.4 Fuzzy-Modell-basierte Steuerung

Abb.3.3. zeigt die grundlegende Architektur eines direkten Fuzzy-Regelungssystems, bei dem die Parameter des Reglers direkt manipuliert werden, ohne auf die Identifizierung des physikalischen Systems zurückzugreifen. Dieser Reglertyp berücksichtigt keine Informationen aus dem physikalischen System; er wird gewöhnlich als modellfreier Fuzzy-Regler bezeichnet. Abb. 3.4. zeigt die Architektur eines indirekten Fuzzy-Regelungssystems, bei dem ein separates Fuzzy-Modell des physikalischen Systems erstellt wird und dann ein Entwurfsverfahren zur Berechnung des Regelsignals verwendet wird. Dies wird gewöhnlich als modellbasierte Fuzzy-Regelung bezeichnet. Die Trainingsdaten für das Modell sind direkt verfügbar, im Gegensatz zum direkten Fuzzy-Regler, der versuchen muss, den Regelungsfehler abzuleiten, der den Ausgangsfehler des physikalischen Systems verursacht hat.

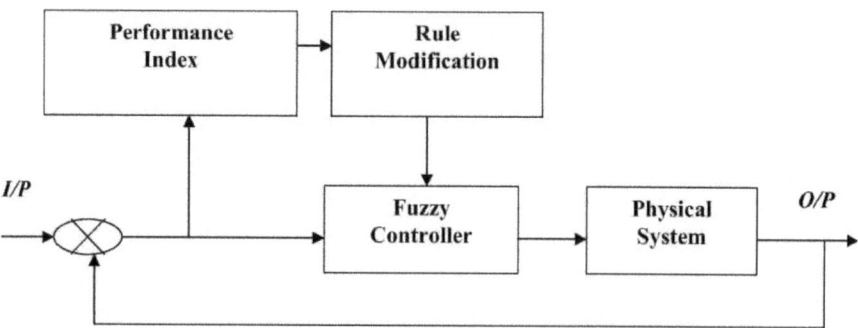

Abb.3.3. Modellfreier Fuzzy-Regler

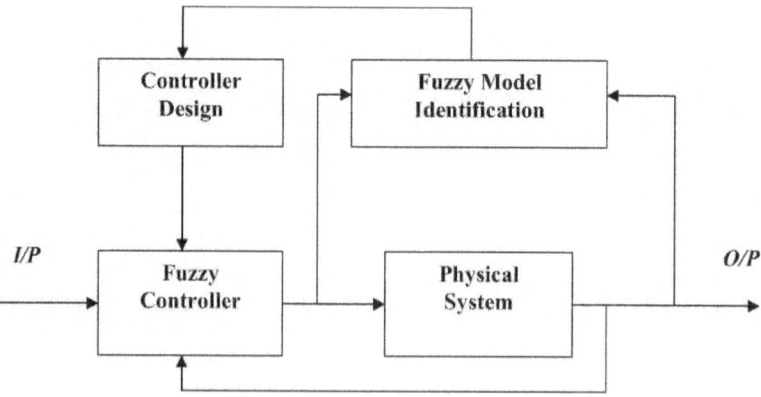

Abb.3.4. Modellbasierter Fuzzy-Regler

3.3.5 Fragen der Fuzzy-Modellierung

Ein Fuzzy-Inferenzsystem ist ein universeller Approximator. Der Nachteil der meisten Fuzzy-Inferenzsysteme besteht darin, dass Zugehörigkeitsfunktionen und Fuzzy-Regeln aus den numerischen Daten in Form von linguistischen Ausdrücken vordefiniert werden müssen und dass Fuzzy-Schlüsse gezogen werden müssen. Andererseits steigt bei einer vordefinierten Zugehörigkeitsfunktion die Anzahl der Fuzzy-Regeln exponentiell mit der Zunahme der Eingangsvariablen.

Obwohl die Regeln keine rechteckigen Formen im Input-Output-Hyperspace abdecken, wird die optimale Anzahl von Regeln an geeigneten Positionen im Fuzzy-Raum angeordnet.

Um ein adaptives Fuzzy-System für die Modellierung und Steuerung zu optimieren, können die folgenden Parameter angepasst werden, um die gewünschte Leistung zu erzielen:

- Die Form der Zugehörigkeitsfunktion
- Die Anzahl der verwendeten Regeln (Struktur)
- Der Inferenzmechanismus

Die Auswirkungen der Änderung der Zugehörigkeitsfunktionen überwiegen gegenüber den beiden anderen Parametern, aber die Größe der Regelbasis wirkt sich auf die Berechnungszeit aus. Für Echtzeitanwendungen ist die Optimierung der ersten beiden Parameter, nämlich der Zugehörigkeitsfunktion und der Anzahl der Regeln, für alle Fuzzy-Reasoning-Methoden (Inferenzmechanismen) erforderlich.

3.3.6 Fuzzy-Modell-Identifikation

Ein Fuzzy-Modell ist ein nichtlineares Modell, das aus einer Reihe von Fuzzy-Regeln für die Zuordnung von Werten besteht. Das Problem der Fuzzy-Modell-Identifikation oder Fuzzy-Modellierung wird allgemein als die Bestimmung eines Fuzzy-Modells für ein System oder einen Prozess bezeichnet, wobei eine oder beide Arten von Informationen verwendet werden: *linguistische Informationen*, die von menschlichen Experten stammen, und *numerische Informationen*, die von Messgeräten stammen. Der Entwurf früherer Fuzzy-Modelle beinhaltete häufig eine manuelle Abstimmung der Zugehörigkeitsfunktionen auf der Grundlage der Leistung des Modells, was jedoch zeitaufwändig ist und sich bei hochdimensionalen Problemen als schwierig erweist. Eines der wichtigsten Probleme bei der Modellierung auf der Grundlage von Fuzzy-Regeln ist die Konstruktion der Zugehörigkeitsfunktionen. Die Hauptvorteile eines Fuzzy-Modells sind:

- Fuzzy-Modelle bieten eine wertvolle Ergänzung für den zunehmenden Bedarf an nichtlinearer Modellierung, indem sie auf geniale Weise Fuzzy-Partitionen konstruieren.

- Ein Fuzzy-Modell ist in der Lage, eine hochgradig nichtlineare funktionale Beziehung mit einer kleinen Anzahl von Fuzzy-Regeln zu approximieren.

Es gibt eine Vielzahl von Techniken zur Systemidentifizierung. Ein gemeinsamer kritischer Punkt bei all diesen Techniken ist die Auswahl der geeigneten Komplexität.

Die Identifizierung unscharfer Systeme besteht aus drei grundlegenden Teilproblemen:

(i) Identifizierung der Struktur,

(ii) Schätzung der Parameter

(iii) Modellvalidierung.

3.3.7 Identifizierung der Struktur

Die Strukturidentifikation eines Fuzzy-Modells umfasst vier Aufgaben:

(i) Ermittlung der wichtigsten Eingabevariablen aus allen möglichen Eingabevariablen,

(ii) Auswahl der Zugehörigkeitsfunktionen,

(iii) Wahl der Struktur der Fuzzy-Partition des Eingaberaums des Modells, (iv) Bestimmung der Anzahl der Fuzzy-Regeln.

Die Strukturidentifikation eines Fuzzy-Modells besteht in der Bestimmung einer geeigneten Anzahl und Form der Fuzzy-Partitionierung des Input-Output-Raums, da die Anzahl der Fuzzy-Partitionen die Anzahl der Regeln und die Form der Fuzzy-Partitionen die Parameter der Zugehörigkeitsfunktionen bestimmt.

3.3.8 Schätzung der Parameter

Das Ziel der Parameterschätzung ist es, die besten Werte für eine Reihe von Modellparametern zu finden. Die Parameterschätzung kann auch mit neuronalen Netzen und genetischen Algorithmen durchgeführt werden. Die Optimalität der Parameterwerte wird bestimmt durch:

(i) Wie gut das Modell zu den Trainingsdaten passt, dieser Ansatz wird für die Modellierung einer Anlage und verwendet,

(ii) Wie gut das Modell die gegebene Aufgabe erfüllt, wird dieser Ansatz häufig für den Entwurf eines Reglers verwendet.

In einem Fuzzy-Modell gibt es zwei Kategorien von Parametern:

(i) Parameter der vorangehenden Zugehörigkeitsfunktionen,

(ii) Parameter im konsequenten Teil der Regel

Bei der Schätzung von Parametern geht es im Allgemeinen um die Optimierung von Parametern der Vorgängermitgliedschaft und der Folgeparameter.

(i) Die Parameter der Vorläufer können mit Hilfe von Clustering-Techniken ermittelt werden.

(ii) Die Parameter der Folgen können mit den Algorithmen der rekursiven kleinsten Quadrate (RLS) und der kleinsten mittleren Quadrate (LMS) ermittelt werden.

Das Takagi-Sugeno-Modell (TS) hat die meiste Aufmerksamkeit auf sich gezogen. Dieses Modell hat "*Wenn-dann*"-Regeln mit Fuzzy-Antezedenten und mathematischen Funktionen im konsequenten Teil. Die antezedenten Fuzzy-Mengen unterteilen den Eingaberaum in eine Reihe von Fuzzy-Regionen, während die konsequente Funktion lineare oder nicht-lineare Beziehungen aufweist.

- **Schätzung der Antezedenzparameter**

Antezedente Parameter eines Fuzzy-Modells können unabhängig von konsequenten Parametern mit Hilfe verschiedener Clustering-Techniken geschätzt werden. Das Clustering-Ergebnis wird zur Bestimmung der Parameter einer Fuzzy-Partition verwendet. Clustering kann auf die Input-Trainingsdaten oder auf die Input-Output-Trainingsdaten angewendet werden. Clustering führt in der Regel zu einer verstreuten Fuzzy-Partition des Eingaberaums. Auch gibt es keinen verallgemeinerten Ansatz für die Bestimmung eines optimalen Regelsatzes. Clustering kann verwendet werden, um die optimale Anzahl von Regeln aus den zentralen Positionen im Input-Output-Hyperspace zu bestimmen, basierend auf der Optimierung einer bestimmten Zielfunktion.

Die Parameter der vorangehenden Zugehörigkeitsfunktionen können aus dem Mittelwert und der Varianz jedes Clusters konstruiert werden. Die Verwendung von Gaußschen Zugehörigkeitsfunktionen zur Darstellung der Fuzzy-Menge $A_{i,j}(x_{j,k})$

$$A_{i,j}(x_{j,k}) = \exp(\frac{1}{2}\frac{(x_{j,k} - v_{i,j})^2}{\sigma_{i,j}^2}) \qquad 3.1$$

Dabei ist v_{ij} das Zentrum des Clusters und σ_{ij} die Breite jedes Clusters.

Nachdem nun die signifikanten Eingaben bestimmt, der Eingaberaum partitioniert und die antezedenten Zugehörigkeitsfunktionen erhalten wurden, wäre der nächste Schritt die Bestimmung der Struktur des konsequenten Teils. Die Parameteridentifikation ist lediglich ein Optimierungsproblem mit einer Zielfunktion. Wir verwenden die Parameter, die wir während des Fuzzy-Clustering-Prozesses erhalten haben, als erste Schätzung für die Parameteridentifikation. Zunächst wird der FCM-Clustering-Algorithmus verwendet, um die Regelbasis zu erstellen. Dann passen wir die Parameter v_j und $\sigma_{i,(y)}$ der Zugehörigkeitsfunktionen mit der Gradientenabstiegsmethode genau an.

- **Schätzung der Folgeparameter**

Man muss die Parameter des Modells, das dem Fuzzy-System zugrunde liegt, erlernen und anschließend das System so steuern, dass es die gewünschte Leistung erbringt. Eine Mischung aus zwei grundlegenden Lernalgorithmen, nämlich Gradient Descent (GD) und Least Square Estimation (LSE), kann für die Feinabstimmung der Parameter des Modells verwendet werden. Kein gradientenbasierter Abstiegsalgorithmus ist jedoch in der Lage, das globale Optimum einer komplexen Zielfunktion innerhalb einer endlichen Zeitspanne zu finden, da er unweigerlich zum nächsten lokalen Minimum konvergiert. Um das Problem der lokalen Minima zu überwinden, können globale Lerntechniken wie der *genetische Algorithmus* (GA) mit lokalen Lernalgorithmen kombiniert werden, so dass ein GA-Hybrid entsteht.

Die im Modell zu schätzenden Parameter sind a_{ik} und b_{ik} in den antezedenten Zugehörigkeitsfunktionen und die konstanten Bestandteile in den consequenten. Wenn wir alle Parameter im Modell als freie Designparameter betrachten, dann ist das Schätzproblem nichtlinear in den Parametern. Um diese Parameter zu berechnen, muss man ein nichtlineares Optimierungsverfahren wie den Gradientenabstiegsalgorithmus (GD) anwenden.

Lernalgorithmus:

Ein von Takagi und Sugeno [5] vorgeschlagenes Fuzzy-Modell hat die folgende Form:

Rule: IF x_1 is A_{i1} and ..... and x_n is A_{in}

THEN $y_i = c_{io} + c_{i1}x_1 + ... + c_{in}x_n$ 3.2

Wobei $i = 1, 2, ... I$, I ist die Anzahl der IF-THEN-Regeln, $c_{ik}{'^s}$ (k = 0, 1...n) sind Konsequenzparameter. y_i ist eine Ausgabe der IF-THEN-Regel, und A_{ij} ist eine Fuzzy-Menge.

Bei einer Eingabe $(x_1, x_2, ..., x_n)$, wird die endgültige Ausgabe des Fuzzy-Modells wie folgt abgeleitet:

$$y = \sum_{i=1}^{l} w_i y_i \qquad (3.3)$$

Dabei wird y_i für die Eingabe durch die Folgerungsgleichung der *i-ten* Implikation berechnet, und das Gewicht w_i impliziert den Gesamtwahrheitswert der Prämisse der Implikation für die Eingabe und wird wie folgt berechnet:

$$w_i = \prod_{k=1}^{n} A_{ik}(x_k) \text{ , where} \qquad (3.4)$$

$$A_{ik}(x_k) = \exp\left(-\frac{(x_k - a_{ik})^2}{b_{ik}^2}\right) \qquad (3.5)$$

a_{ik} und b_{ik} sind Parameter der Zugehörigkeitsfunktionen. Um die Parameter a_{ik}, b_{ik} und c_{ik} zu verändern, kann man die Technik des Gradientenabstiegs anwenden.

From (3.2) and (3.3)
$$y = \sum_{k=0}^{n} \sum_{i=1}^{l} w_i c_{ik} x_k \qquad (3.6)$$

wobei $x_0 = 1$

Eine Leistungsfunktion ist wie folgt definiert:

$$E = \frac{1}{2}(y^* - y)^2 \qquad (3.7)$$

Dabei bezeichnen y und y* die Ausgaben eines Fuzzy-Modells bzw. eines realen Systems. Durch partielle Differenzierung von E in Bezug auf jeden Parameter eines Fuzzy-Modells erhalten wir:

$$\frac{\partial E}{\partial c_{ik}} = \frac{\partial E}{\partial y} \cdot \frac{\partial y}{\partial c_{ik}} \qquad (3.8)$$

$$= -(y^* - y) w_i x_k = -\delta w_i x_k ,$$

$$\frac{\partial E}{\partial a_{ik}} = \frac{\partial E}{\partial y} \cdot \frac{\partial y}{\partial a_{ik}}$$

$$= -(y^* - y)\frac{2(x_k - a_{ik})}{b_{ik}} w_i \sum_{k=0}^{n} c_{ik} x_k, \quad = -\delta \frac{2(x_k - a_{ik})}{b_{ik}} w_i \sum_{k=0}^{n} c_{ik} x_k, \qquad 3.9$$

$$\frac{\partial E}{\partial b_{ik}} = \frac{\partial E}{\partial y} \cdot \frac{\partial y}{\partial b_{ik}}$$

$$= -(y^* - y)\frac{(x_k - a_{ik})^2}{b^2_{ik}} w_i \sum_{k=0}^{n} c_{ik} x_k, \qquad 3.10$$

$$= -\delta \frac{2(x_k - a_{ik})^2}{b^2_{ik}} w_i \sum_{k=0}^{n} c_{ik} x_k$$

Dabei gilt: $\delta = (y^* - y)$.

Das endgültige Lerngesetz kann wie folgt definiert werden:

$$c_{ik}^{NEW} = c_{ik}^{OLD} + \in_1 \delta w_i x_k,$$

$$a_{ik}^{NEW} = a_{ik}^{OLD} + \in_2 \delta \frac{2(x_k - a_{ik}^{OLD})}{b_{ik}^{OLD}} w_i \sum_{k=0}^{n} c_{ik}^{OLD} x_k,$$

$$b_{ik}^{NEW} = b_{ik}^{OLD} + \in_3 \delta \frac{2(x_k - a_{ik}^{OLD})^2}{(b_{ik}^{OLD})^2} w_i \sum_{k=0}^{n} c_{ik}^{OLD} x_k$$

3.11

Dabei sind $\in_1, \in_2$ und $\in_3$ Lernkoeffizienten und $\in 1, \in 2, 3 \in > 0$. Unter Verwendung der Gleichung in (3.11) kann man nacheinander die Parameter a_ik, b_{ik} und c_ik ändern, bis der Wert der Summe von δ für alle Datenpunkte klein genug ist.

3.3.9   Modell-Validierung

Dabei wird das Modell auf der Grundlage eines Leistungskriteriums getestet. (z.B. Genauigkeit). Wenn das Modell den Test nicht bestehen kann, muss der Benutzer die Modellstruktur ändern und die Modellparameter neu schätzen. Es kann notwendig sein, dieses Verfahren viele Male zu wiederholen, bevor ein zufriedenstellendes Modell gefunden wird. Die Identifizierung von

Fuzzy-Systemen ist ein Problem der Parameterschätzung. Ein Problem bei der Modellvalidierung ist die Auswahl der Parameter, die sowohl bei den Trainings- als auch bei den Testdaten eine gute Leistung zeigen. Ein Modell, das auf der Grundlage von Trainingsdaten ausgewählt wurde, zeigt bei den Testdaten keine so gute Leistung. Insbesondere führt ein kleinerer Trainingsfehler nicht unbedingt zu einem kleineren Testfehler. Versucht man, den Trainingsfehler durch eine Erhöhung der Modellkomplexität zu sehr zu verringern, kann der Testfehler oft dramatisch ansteigen, da das Modell beginnt, sich zu sehr an die Trainingsdaten anzupassen, was mit einem Verlust an Allgemeinheit einhergeht.

3.3.10 Clustering

Beim Clustering geht es darum, Datenpunkte in homogene Klassen oder Cluster einzuteilen, so dass Elemente in derselben Klasse so ähnlich wie möglich und Elemente in verschiedenen Klassen so unähnlich wie möglich sind. Clustering kann auch als eine Form der Datenkomprimierung betrachtet werden, bei der eine große Anzahl von Stichproben in eine kleine Anzahl von repräsentativen Prototypen oder Clustern umgewandelt wird. Je nach den Daten und der Anwendung können verschiedene Arten von Ähnlichkeitsmaßen zur Identifizierung von Klassen verwendet werden, wobei das Ähnlichkeitsmaß steuert, wie die Cluster gebildet werden. Einige Beispiele für Werte, die als Ähnlichkeitsmaße verwendet werden können, sind Abstand, Konnektivität und Intensität.

Clustering ist die Klassifizierung von Objekten in verschiedene Gruppen, oder genauer gesagt, die Aufteilung eines Datensatzes in Teilmengen (Cluster), so dass die Daten in jeder Teilmenge (idealerweise) ein gemeinsames Merkmal aufweisen - oft Nähe nach einem bestimmten Abstandsmaß.

Ein bestimmter Datenpunkt, der nahe am Zentrum eines Clusters liegt, hat einen hohen Grad an Zugehörigkeit zu diesem Cluster, während ein anderer Datenpunkt, der weit vom Zentrum eines Clusters entfernt liegt, einen niedrigen Grad an Zugehörigkeit zu diesem Cluster hat.

Die Anzahl der Cluster bestimmt die Komplexität und damit die Verallgemeinerungsfähigkeit des Modells. Ein Modell mit zu wenigen Clustern liefert schlechte Vorhersagen für neue Daten, d.h. schlechte Verallgemeinerungen, da das Modell nur begrenzt flexibel ist. Andererseits liefert ein Modell mit zu vielen Clustern ebenfalls schlechte Verallgemeinerungen, da es zu flexibel ist und sich dem Rauschen in den Trainingsdaten anpasst. Eine kleine Anzahl von Clustern ergibt einen Schätzer mit hoher Verzerrung und geringer Varianz, während eine große Anzahl von Clustern einen Schätzer mit geringer Verzerrung und hoher Varianz ergibt. Jeder Cluster kann als eine Fuzzy-Regel betrachtet werden, die das charakteristische Verhalten des Systems beschreibt.

Ein kritisches Problem für den Fuzzy c-means-Algorithmus ist die Bestimmung der optimalen Anzahl von Clustern. Er kann nur Cluster mit gleicher Form und Ausrichtung erkennen. Außerdem gibt es keine Garantie dafür, dass Fuzzy c-means zu einer optimalen Lösung konvergiert.

3.3.11 Der Fuzzy-C-Mittelwert

Der Fuzzy c-means Clustering-Algorithmus basiert auf der Minimierung einer Zielfunktion:

$$J(Z;U,V) = \sum_{i=1}^{c}\sum_{k=1}^{N}(\mu_{ik})^m \|z_k - v_i\|^2$$ 3.12

Where, $Z = [z_1, z_2, \ldots, z_N]$

is the data set. 3.13

$$v = (v_1, v_2, \ldots v_c)^T$$

is the center vector 3.14

m >1 ist der Gewichtungsexponent.

$$U = [\mu_{ik}]_{c \times N}$$ 3.15

stellt die Fuzzy-Partitionsmatrix dar, ihre Bedingungen sind:

$$\mu_{ij} \in [0,1], 1 \leq i \leq c, 1 \leq k \leq N$$ 3.16

$$\sum_{i=1}^{c}\mu_{ik} = 1$$ 3.17

- *Initialisieren Sie die Fuzzy-Partitionsmatrix U und geben Sie die Anzahl der Cluster an.*
- *Wiederholen Sie dies für l=1, 2,.*
- *Berechnen Sie die Cluster-Prototypen (Mittelwerte):*

$$v_i = \frac{\sum_{k=1}^{N}(\mu_{ik})^m x_k}{\sum_{k=1}^{N}(\mu_{ik})^m} \qquad 3.18$$

- *Berechnen Sie die Entfernungen*:

$$d_{ikA}^2 = (x_k - v_i)^T A(x_k - v_i)$$

3.19

- *Aktualisierung der Partitionsmatrix*

$$\mu_{ik} = \frac{1}{\sum_{j=1}^{c}(d_{ikA}/d_{jkA})^{2/(m-1)}} \qquad 3.20$$

Until

$$\|U^l - U^{l-1}\| < \varepsilon \qquad 3.21$$

Merkmale:

- *Fuzzy c-means kann nur Cluster mit einer Kreisform erkennen, da es die Standard-Euklidische Abstandsnorm verwendet.*

- *Die richtige Wahl des Gewichtungsparameters (m) ist wichtig: Nähert sich m der Eins von oben, wird die Partition hart, nähert sie sich der Unendlichkeit, wird die Partition maximal unscharf.*

- *Es gibt keine Garantie, dass die Lösung optimal ist, da sie in ein lokales Minimum eintreten kann.*

3.3.12 Gültigkeit der Cluster

Eines der Hauptprobleme beim Clustering ist die Frage, wie das Clustering-Ergebnis eines Algorithmus bewertet werden kann. Dieses Problem wird als Clustering-Validität bezeichnet. Das Problem der Clustering-Validität besteht darin, eine Zielfunktion zu finden, die bestimmt, wie gut eine von einem Clustering-Algorithmus erzeugte Partition ist. Mit dieser Art von Kriterium lassen sich drei Ziele erreichen:

(i)   Vergleich der Ergebnisse von alternativen Clustering-Algorithmen für einen Datensatz.

(ii) Bestimmung der besten Anzahl von Clustern für einen bestimmten Datensatz (z. B. die Wahl des Parameters c für FCM).

(iii) Feststellung, ob ein gegebener Datensatz eine Struktur aufweist (d. h. ob es eine natürliche Gruppierung des Datensatzes gibt).

3.4 Unscharfes Inferenzsystem

3.4.1 Einführung

Die Fuzzy-Modellierung auf der Grundlage der von Zadeh vorgeschlagenen Fuzzy-Mengen-Theorie ist weithin untersucht worden. Das Ziel der gesamten Übung ist es, Fuzzy-Beziehungen aufzubauen, die durch eine Reihe von linguistischen Aussagen ausgedrückt werden, die entweder aus der Erfahrung eines geschulten Bedieners oder aus einer Reihe von beobachteten Eingangsdaten abgeleitet werden. Mamdani hat die Compositional Rule of Inference (CRI) Form des Fuzzy-Modells verwendet, um die Erfahrung des Bedieners bei der Handhabung einfacher Operationen zu interpretieren. Für einige komplexe Systeme ist es jedoch unmöglich, ein solches wissensbasiertes Fuzzy-Modell zu erstellen, da es eine große Anzahl von Fuzzy-Aussagen und hochkomplizierte mehrdimensionale Fuzzy-Beziehungen gibt. Später hat die Pionierarbeit von Takagi und Sugeno [5] über Fuzzy-Modellierung und -Steuerung zu mehreren Arbeiten in der Literatur geführt, die als multi-modellbasierte Ansätze bezeichnet werden. Die Grundidee dieser Ansätze besteht darin, den komplizierten Eingaberaum in Unterräume zu zerlegen und dann das in jedem Unterraum dargestellte Element durch ein einfaches Regressionsmodell zu approximieren. Auf diese Weise wird das gesamte Fuzzy-Modell als eine Kombination miteinander verbundener Teilsysteme mit einem einfacheren Modell betrachtet. Unter Verwendung einer ähnlichen Zerlegung des Eingaberaums interpoliert das CRI-Modell zwischen parallelen Hyperflächen in Abhängigkeit von der Unschärfe um die parallelen Hyperflächen. Andererseits interpoliert das TS-Modell zwischen den geneigten Hyperflächen, was zu einer einzigen Hyperfläche führt.

3.4.2 Unscharfe Modelle

Fuzzy-Modelle sind Regelbasen, in denen die Regeln Beziehungen zwischen den Variablen in Form von WENN-DANN-Anweisungen beschreiben. Die Regeln von Fuzzy-Modellen bilden Fuzzy-Regionen im Prämissenproduktraum auf andere Regionen im Konsequenzraum ab. Der Inferenzmechanismus sorgt für die Interpolation zwischen den abgebildeten Regionen. Abhängig von der Form der Regeln und dem verwendeten Inferenzmechanismus gibt es verschiedene Arten von Fuzzy-Modellen. Von ihnen scheinen die Fuzzy-Implikationen und die von Takagi - Sugeno vorgeschlagene Fuzzy-Reasoning-Methode für die Fuzzy-Modellierung am besten geeignet zu sein. Im Folgenden werden die beiden am häufigsten verwendeten Fuzzy-Modelle vorgestellt:

- CRI-Modell

Jede Regel eines Fuzzy-Modells, das auf Compositional Rule OfInference (CRI) basiert, bildet Fuzzy-Teilmengen im Eingaberaum $A^k \subset R^{nk}$ auf eine Fuzzy-Teilmenge im Ausgaberaum $B^k \subset R$ ab und hat die Form:

$$R^{nk} : if\ x_1\ is\ A_1^k \wedge x_2\ is\ A_2^k \wedge \ldots\ldots x_{nk}\ is\ A_{nk}^k\ then\ y\ is\ B^k \qquad 3.22$$

mit k=1.................. m, wobei m die Anzahl der Regeln ist. Jede Regel geht von ihrem eigenen *Eingangsvektor* x^k aus, wobei $x^k \subseteq x$; x die vollständige Systemeingabe ist. A_i^k sind die linguistischen Bezeichnungen von Fuzzy-Mengen, die die qualitative Natur der Eingangsvariablen x_i beschreiben. $\wedge$ ist ein Fuzzy-Konjunktionsoperator. B^k sind die linguistischen Bezeichnungen von Fuzzy-Mengen, die den qualitativen Zustand der Ausgangsvariablen y beschreiben. Die Feuerungsstärke der k^{-ten} Regel, die sich aus der T-Norm (in der Regel Min- oder Produkt-Operator) der Zugehörigkeitsfunktionen der Prämissen-Teile der Regel ergibt, ist:

$$\mu^k(x^k) = \mu_1^k(x_1) \wedge \mu_2^k(x_2) \wedge \mu_3^k(x_3) \wedge \ldots\ldots\ldots \wedge \mu_{nk}^k(x_{nk}) \qquad 3.23$$

Dabei ist $\mu^k(x^k)$ die Zugehörigkeitsfunktion der Fuzzy-Menge A_i^k. Die Feuerungsstärke der kth-Regel wird ebenfalls als Fuzzy-Menge $A^k \subset R^{nk}$ im Eingaberaum dargestellt. Daher kann Gl. 3.22 umgeschrieben werden als:

$$R^k : if\ x^k\ is\ A^K\ then\ y\ is\ B^k \qquad 3.24$$

$\Phi^{(k)}(y)$ sei die Zugehörigkeitsfunktion der Fuzzy-Menge $B^k \subset R$ im Ausgangsraum. $\Phi^{(k)}(y)$ kann eine beliebige Form vom Typ einer konvexen Funktion mit Fläche und Schwerpunkt haben, so dass

Area (B^k) = v_k

$$= \int_y \Phi^k(y)\,dy \qquad 3.25$$

und, Schwerpunkt (B^K) bk=

$$= \frac{\int_y y\,\Phi^k(y)\,dy}{\int_y \Phi^k(y)\,dy} \qquad 3.26$$

B^K kann also in funktionaler Form als B^k (b_k, v_k) geschrieben werden, wobei die T-Norm für die Abbildung unscharfer Teilmengen aus dem Eingaberaum $A^k \subset R^{n''}$ auf eine unscharfe Teilmenge im Ausgaberaum $B^k \subset R$ verwendet wird, woraus sich eine abbildende unscharfe Teilmenge B^{*k} ergibt:

$$\Phi^{*k}(y) = \mu^k(x^k) \wedge \Phi^k(y) \qquad 3.27$$

Die S-Norm (normalerweise der Maximal- oder Summenoperator) wird im Ausgaberaum verwendet, um die gesamte abgebildete Region im Ausgaberaum zu verbinden. Die aggregierte Fuzzy-Menge in der Ausgaberegion ergibt sich aus:

$$B^0 = B^{*1} \vee B^{*2} \vee B^{*3} \vee \ldots\ldots\ldots \vee B^{*m} \qquad 3.28$$

Dabei ist ∨ ein Fuzzy-Disjunktionsoperator (in der Regel mit S-Norm) und die Methode der gewichteten Durchschnittsgravitation zur Defuzzifizierung. Die defuzzifizierte Ausgabe y^0 ist gegeben durch:

$$y^0 = \frac{\int_y y\,\Phi^0(y)\,dy}{\int_y \Phi^0(y)\,dy} \qquad 3.29$$

Dabei ist $\Phi^{(0)}(y)$ die resultierende Zugehörigkeitsfunktion von $B^0 \subset R$ im Ausgangsraum.

- T-S-Modell (Takagi-Sugeno-Modell)

Die Hauptmotivation für die Entwicklung dieses Modells besteht darin, die Anzahl der vom

Mamdani-Modell benötigten Regeln zu reduzieren, insbesondere bei komplexen und hochdimensionalen Problemen. Zu diesem Zweck ersetzt das TS-Modell die Fuzzy-Mengen im konsequenten Teil (dann-Teil) der Mamdani-Regel durch eine lineare Gleichung der Eingangsvariablen.

Das von TS im Jahr 1985 vorgeschlagene Fuzzy-Modell kann eine allgemeine Klasse von statischen oder dynamischen nichtlinearen Systemen darstellen oder modellieren. Es basiert auf einer Fuzzy-Partition des Eingaberaums und kann als Erweiterung einer stückweisen linearen Partition betrachtet werden. Dieses Modell approximiert also ein nichtlineares System durch eine Kombination mehrerer linearer Systeme, indem es den gesamten Eingaberaum unscharf in Unterräume zerlegt und jeden Unterraum mit jeder linearen Gleichung darstellt. Es kann ein stark nichtlineares System mit einer geringen Anzahl von Regeln beschreiben. Außerdem ist es aufgrund der expliziten funktionalen Darstellungsform bequem, seine Parameter mit Hilfe einiger Lernalgorithmen zu identifizieren. Die vom TS-Modell durchgeführte Inferenz ist eine Interpolation aller relevanten linearen Modelle. Der Grad der Relevanz eines linearen Modells wird durch den Grad der Zugehörigkeit der Eingabedaten zu dem mit dem linearen Modell verbundenen Fuzzy-Unterraum bestimmt. Diese Gewichtungsgrade werden zu den Gewichten im Interpolationsprozess. Die Identifizierung eines TS-Fuzzy-Modells unter Verwendung von Input-Output-Daten besteht aus zwei Teilen: (i) Strukturidentifizierung (Regelkonstruktion) und (ii) Parameteridentifizierung (Festlegung der Parameter der Prämissen und der Konsequenz in jeder Regel). Die konsequenten Parameter sind die Koeffizienten der linearen Gleichungen.

Die Fuzzy-Implikationen werden durch unscharfe Partitionierung des Eingaberaums gebildet. Die Prämisse einer Fuzzy-Implikation bestimmt einen Fuzzy-Unterraum des Eingaberaums, die Konsequenz einer Fuzzy-Implikation drückt eine lineare Input-Output-Regressionsbeziehung aus, die im entsprechenden Unterraum gültig ist. Das TS-Modell basiert auf der Idee, eine Menge stückweiser linearer Strukturen zu finden, um eine nichtlineare Beziehung zu beschreiben.

Jede Implikation (Regel) im TS-Modell definiert eine Hyperebene im Produktraum der Prämissen und Konsequenzen. Die Gesamtleistung des Modells wird durch eine gewichtete Summe der einzelnen Regelkonsequenzen berechnet.

Die Regeln des T-S-Modells haben die folgende Form:

$$R^K : \text{if } x^k \text{ is } A^K \text{ then } y \text{ is } f^k(x^k) \qquad 3.30$$

Eine lineare Form von $f^k(x^k)$ in der Gleichung lautet wie folgt:

$$f^k(x^k) = b_{k0} + b_{k1} + b_{k2} + \ldots\ldots\ldots + b_{knk} x_{nk} \qquad 3.31$$

Dabei definiert $f^k(x^k)$ ein lokal gültiges Modell auf dem Träger des kartesischen Produkts der Fuzzy-Mengen, die den Prämissenteil bilden. Die Feuerungsstärke jeder Regel wird mit Hilfe von Gleichung (3.23) berechnet. Die normalisierte Feuerungsstärke für die normalisierte Berechnung oder die nicht-normalisierte Feuerungsstärke für die nicht-normalisierte Berechnung wird dann mit der Ausgabefunktion $f^k(x^k)$ multipliziert. Die normalisierte Form der Gesamtausgabe des T-S-Modells ist definiert als:

$$y^0 = \sum_{k=1}^{m} \frac{\mu^k(x^k).f^k(x^k)}{\sum_{k=1}^{m}\mu^k(x^k)} \qquad 3.32$$

Takagi und Sugeno können eine hochgradig nichtlineare funktionale Beziehung mit einer kleinen Anzahl von Regeln ausdrücken, und ihr Anwendungspotenzial ist groß.

KAPITEL-IV

IDENTIFIZIERUNG DES PROBLEMS

4.1 Einleitung

Unser Interesse gilt in erster Linie der Identifizierung und Steuerung unbekannter nichtlinearer dynamischer Systeme. Das Problem der Identifikation besteht darin, ein geeignet parametrisiertes Identifikationsmodell aufzustellen und die Parameter des Modells anzupassen, um eine Leistungsfunktion zu optimieren, die auf dem Fehler zwischen den Ausgängen der Anlage und des Identifikationsmodells beruht.

Fuzzy-Systeme sind universelle Approximatoren. Die Fuzzy-Identifikation ist ein wirksames Instrument zur Approximation unsicherer nichtlinearer Systeme auf der Grundlage von Messdaten [19]. Unter den verschiedenen Fuzzy-Modellierungstechniken hat das Takagi-Sugeno-Modell (TS) [20] die meiste Aufmerksamkeit auf sich gezogen. Ein großer Teil der Forschung über das TSK-Fuzzy-Modell und seine Anwendung auf reale Systeme wurde aufgrund seiner Fähigkeit zur effizienten und effektiven Handhabung nichtlinearer Systeme und seiner guten Leistung in realen Anwendungen durchgeführt [1, 2]. Das TSK-Fuzzy-Modell kann statische und dynamische nichtlineare Systeme darstellen.

Das TSK-Fuzzy-Modell hat konsequente Teile, die aus linearen Funktionen bestehen, und kann als Erweiterung der stückweisen linearen Partition betrachtet werden. Dieses Modell besteht aus Wenn-dann-Regeln mit Fuzzy-Antezedenten und mathematischen Funktionen im konsequenten Teil. Fuzzy Clustering wurde bereits ausgiebig genutzt, um die Zugehörigkeitsfunktionen der Antezedenten zu erhalten [21, 22, 23], während die Parameter der Folgefunktionen mit Hilfe von linearen Standardmethoden der kleinsten Quadrate geschätzt werden können. Dieses Modell hat die folgende Form:

Rule i: If x_1 is A_{i1} and x_n is A_{in}

THEN $y_i = c_{i0} + c_{i1} + ... + c_{in}x_n$ 　　　　　　　　　　　　　　　4.1

Wobei i -1,2, ..., I, I die Anzahl der WENN-DANN-Regeln ist, $c_{ik}'s(k = 0,1,....,n)$ die Konsequenzparameter sind. y_i eine Ausgabe der i^{ten} WENN-DANN-Regel ist und A_{ij} eine Fuzzy-Menge ist.

Angesichts einer Eingabe (x_1, x_2, ... ,x_n) wird die endgültige Ausgabe des verwendeten Fuzzy-

Modells wie folgt hergeleitet:

$$y = \sum_{i=1}^{l} w_i y_i \qquad 4.2$$

Dabei wird y_i für die Folgegleichung der i^{ten} Implikation berechnet und das Gewicht w_i impliziert den Gesamtwahrheitswert der Prämisse der i^{ten} Implikation für die Eingabe und wird wie folgt berechnet

$$w_i = \prod_{k=1}^{n} A_{ik}(x_k) \qquad 4.3$$

Dabei werden Gaußsche Zugehörigkeitsfunktionen verwendet, um die Fuzzy-Mengen darzustellen

$$A_{ik}(x_k) = \exp\left(-\frac{(x_k - a_{ik})^2}{\sigma_{ik}^2}\right) \qquad 4.4$$

wobei a_{ik} der Mittelpunkt und σ_{ik} die Varianz der Gaußschen Kurve ist.

Aus (4.1) und (4.2)

$$y = \sum_{k=0}^{n}\sum_{i=1}^{l} w_i c_{ik} x_k \qquad 4.5$$

4.2 Problemstellung der vorliegenden Arbeit

Die vorliegende Forschungsarbeit zielt darauf ab, die Entwicklung eines TS-Fuzzy-Modells zur Identifikation einer nichtlinearen Anlage voranzutreiben. Auf der Grundlage einer umfassenden Literaturrecherche wurde ein Versuch unternommen, einen Regler für ein nichtlineares System zu entwickeln.

Um die Leistungsfähigkeit des in der vorliegenden Arbeit vorgeschlagenen Ansatzes zu untersuchen, wurden verschiedene Identifizierungs- und Vorhersage-Benchmark-Beispiele untersucht.

A. *Identifizierung von nichtlinearen Anlagendaten*

In diesem Beispiel geht es um die Modellierung einer nichtlinearen Anlage zweiter Ordnung [23], die durch eine Differenzengleichung zweiter Ordnung beschrieben wird:

$$y(k) = f(y(k-1), y(k-2)) + u(k)$$

wobei

$$f(y(k-1), y(k-2)) = \frac{y(k-1)y(k-2)[y(k-1)-0.5]}{1 + y^2(k-1) + y^2(k-2)} \qquad 4.6$$

In der vorliegenden Arbeit wurde ein geeignetes Fuzzy-Modell entwickelt, das die nichtlinearen Komponenten y(k-1), y(k-2)) der Anlage effektiv approximieren kann.

B. Menschlicher Betrieb in einer Chemiefabrik

Im zweiten Beispiel wurde der TSK-Fuzzy-Modellierungsansatz verwendet, um ein Modell der Bedienersteuerung einer chemischen Anlage zu behandeln.

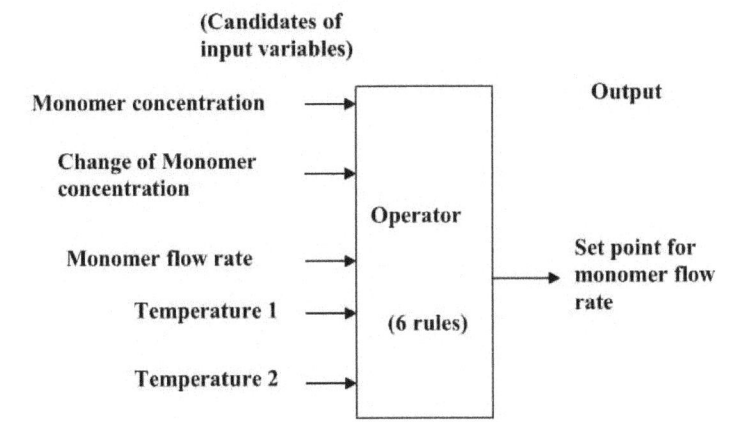

Abb.4.1. Struktur des Anlagenbetriebs

C. Identifizierung und Steuerung von nichtlinearen Anlagendaten.

Fuzzy-Controller stoßen auf enormes Interesse in verschiedenen Industriezweigen. Ihr Einsatz als Alternative zu konventionellen Reglern für komplexe Steuerungssysteme wird erforscht. Besonders in solchen Systemen, in denen das qualitative Wissen erfahrener Bediener für die Ausführung des Steuerungssystems unerlässlich ist, ist der Einsatz von Fuzzy-Logik-Reglern hilfreich. Ihr Vorteil gegenüber konventionellen Steuerungen ist, dass keine genaue Kenntnis des Prozesses (Systems) erforderlich ist und sie effizient mit Unsicherheiten im Steuerungsprozess umgehen kann. Sie kann auch verwendet werden, um menschliches Fachwissen und Erfahrung in das System einzubringen. Um unsicheres dynamisches System (Prozess) zu steuern, ist es geeignet, das System in einer nichtlinearen Funktionsform darzustellen. Zu diesem Zweck wird das nichtlineare System zunächst als Fuzzy-Modell dargestellt. Die Regelung erfolgt dann auf der Basis des identifizierten Fuzzy-Modells.

Mit dem ermittelten Fuzzy-Modell konnten wir gute Vorhersageergebnisse erzielen. Es ist jedoch zu beachten, dass gute Vorhersageergebnisse über einen langen Zeitraum, z. B. mehrere Jahre, nicht immer gewährleistet sind. Die Dynamik eines komplexen Steuerungssystems ändert sich allmählich und hängt von vielen Umgebungsfaktoren über einen langen Zeitraum ab. Ein Ansatz zur Überwindung dieser Schwierigkeit ist die Einführung eines selbstlernenden Systems. Wir betrachten hier das Problem der Steuerung einer Anlage, die durch eine Differenzengleichung beschrieben wird:

$$y_p(k+1) = f[y_p(k), y_p(k-1)] + u(k)$$
where

$$f[y_p(k), y_p(k-1)] = \frac{y_p(k) y_p(k-1)[y_p(k) + 2.5]}{1 + y_p^2(k) + y_p^2(k-1)} \qquad 4.7$$

KAPITEL-V

DURCHFÜHRUNG DER VORLIEGENDEN ARBEIT

Die vorliegende Arbeit befasst sich mit der Entwicklung eines TS-Fuzzy-Modells für ein bekanntes Benchmark-Problem der Identifikation einer nichtlinearen Anlage, deren Daten verfügbar sind. Die folgenden Schritte umfassen die Methodik, die bei der Durchführung der Arbeit angewandt wurde:

(i) Untersuchung der verschiedenen bestehenden Techniken zur Systemidentifizierung und ihrer Grenzen.

(ii) Auswahl eines Problems aus der Industrie oder anhand der in der Literatur verfügbaren Daten.

(iii) Die Konstruktion eines auf Fuzzy-Regeln basierenden Modells mit Hilfe des folgenden Algorithmus aus einem Satz von Trainingsdaten für die nichtlineare Anlage umfasst die folgenden Schritte:

Algorithmus:

Schritt: Auswahl des Typs der Fuzzy-Modelle. (Das regelbasierte Fuzzy-Modell im vorliegenden Problem ist ein TSK-Modell).

Schritt 2: Berechnung geeigneter Zugehörigkeitsfunktionen, die zur Aufteilung des Eingaberaums verwendet werden.

Schritt 3: Bestimmung der Zugehörigkeitsfunktionen und der Anzahl der Wenn-Dann-Regeln durch Anwendung von FCM Clustering.

Schritt 4: Identifizierung der Parameter der antezedenten Zugehörigkeitsfunktionen.

Schritt 5: Parameterlernen mit Hilfe nichtlinearer Optimierungstechnik.

(iv) Festlegung verschiedener notwendiger Annahmen im Zusammenhang mit dem Problem.

(v) Analysieren Sie die Ergebnisse und überprüfen Sie sie durch Simulationen.

KAPITEL-VI

Ergebnisse der Simulation

6.1 Ergebnisse und Diskussion

A. Identifizierung von nichtlinearen Anlagendaten

In diesem Beispiel geht es um die Modellierung einer nichtlinearen Anlage zweiter Ordnung [22], die durch Gleichung (4.6) beschrieben wird. Der Autor hat die folgenden Techniken verwendet, um ein auf Fuzzy-Regeln basierendes Modell aus einem Satz von Trainingsdaten für diese nichtlineare Anlage zu erstellen:

(I) Das regelbasierte Fuzzy-Modell ist ein TSK-Modell.

(2) Gaußsche Zugehörigkeitsfunktionen werden zur Aufteilung des Eingaberaums verwendet.

(3) Der Fuzzy C-means (FCM) Clustering-Algorithmus wird verwendet, um die Vorläuferparameter für eine verstreute Partition des Eingaberaums zu ermitteln.

(4) Die entsprechenden Parameter werden mit dem Algorithmus *des Gradientenabstiegs* (GD) ermittelt.

(5) Die Anzahl der Regeln wird mit der FCM-Clustering-Methode bestimmt.

Die nichtlineare Komponente f der Anlage, die in der Regel als "ungezwungenes System" bezeichnet wird, hat im Zustandsraum einen Gleichgewichtszustand (0, 0). Dies bedeutet, dass der Ausgang der Anlage im Gleichgewichtszustand ohne Eingabe die Folge $\{\theta\}$ ist.

Die nichtlineare Komponente 'f' soll mit Hilfe des TSK-Fuzzy-Modells approximiert werden. Zu diesem Zweck wurden 100 simulierte Datenpunkte aus der Modellgleichung der Anlage generiert, indem ein zufälliges Eingangssignal $u(\kappa)$ angenommen wurde, das gleichmäßig in [1,5, 1,5] verteilt ist. Abb.6.1. zeigt den simulierten Ausgang der Anlage und das entsprechende Eingangssignal.

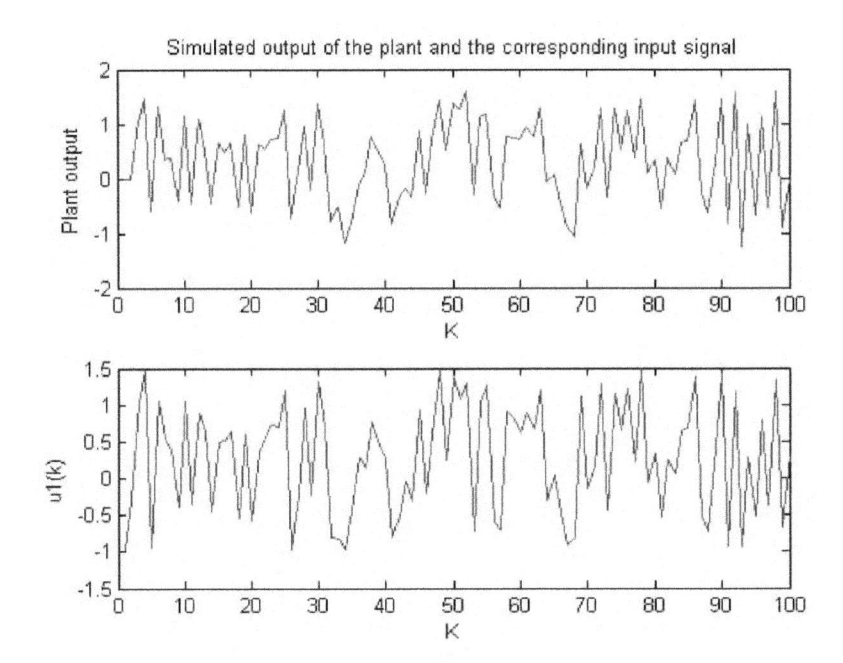

Abb.6.1. Simulierter Ausgang der Anlage und das entsprechende Eingangssignal

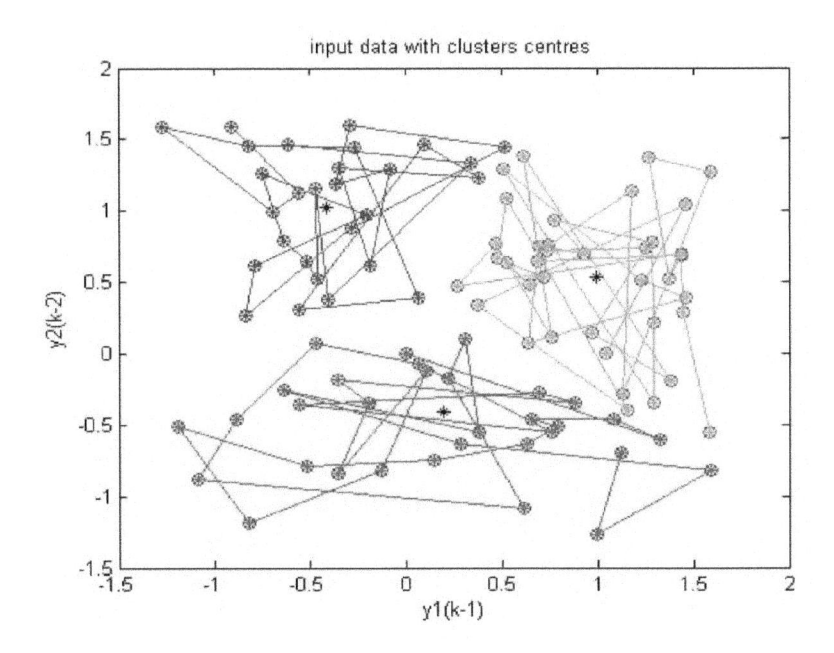

Abb.6.2. Mit dem Fuzzy-C-Means-Clustering ermittelte Cluster

y(k-l) und y(k-2) werden als Eingangsvariablen gewählt. Die Anzahl der Fuzzy-Regeln kann willkürlich auf 3 gesetzt werden. Die Gaußschen Funktionen wurden verwendet, um die Zugehörigkeitsfunktionen von y(k-l) und y(k-2) auszudrücken. Die drei zweidimensionalen Gauß'schen Zugehörigkeitsfunktionen können als das Produkt zweier eindimensionaler Zugehörigkeitsfunktionen für die Eingangsvariablen y(k-l) und y(k-2) angesehen werden. Die Zentren und die Breiten der 3 Gaußschen Zugehörigkeitsfunktionen wurden mit Hilfe des Fuzzy-C-Means-Clustering bestimmt. Abb.6.2. zeigt die drei durch das Fuzzy-C-Means-Clustering ermittelten Cluster.

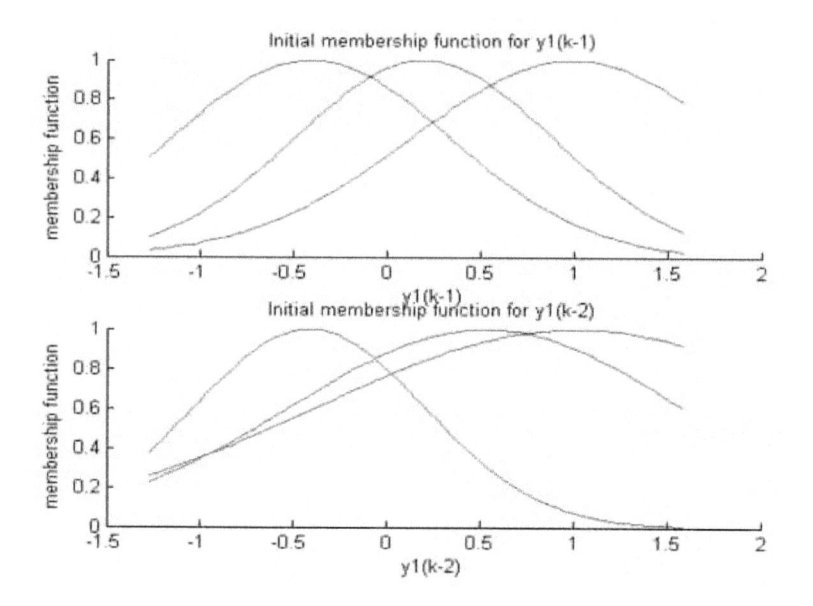

Abb.6.3. Ursprüngliche Zugehörigkeitsfunktionen durch FCM-Clustering

Das Training besteht aus zwei Phasen. In der ersten Phase wurde das FCM-Clustering verwendet, um die Zentren ($a_1, a_2, \ldots, a_l$) und die Breite der Zugehörigkeitsfunktionen:

$$\sigma_{i,j}^2 = \frac{\sum_{k=1}^{n} \mu_{i,k}(x_{j,k} - a_{j,k})^2}{\sum_{k=1}^{n} \mu_{i,k}}$$

In der zweiten Phase wurde die Gradientenabstiegsmethode verwendet, um die Fehlerfunktion zu minimieren.

$$E = \sqrt{\frac{1}{N}\sum_{k=1}^{N}(y^* - y)^2}$$

wobei y und y die Ausgänge eines Fuzzy-Modells bzw.

realen Systems bezeichnen, und N=2.

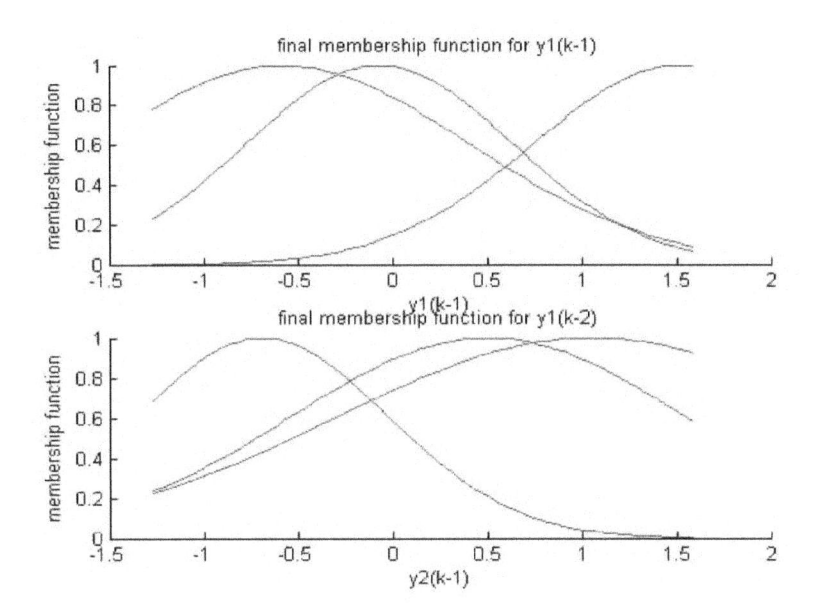

Abb.6.4. Endgültige Zugehörigkeitsfunktionen für die Eingangsvariablen y(k-l) und y(k-2)

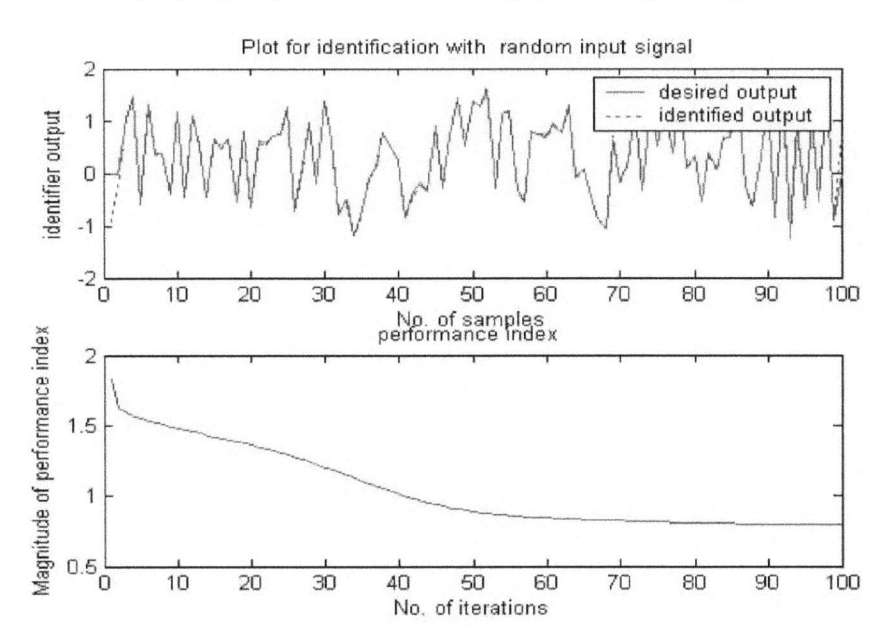

Abb.6.5. (a) Diagramm für die Identifizierung mit zufälligem Eingangssignal

Abb.6.5. (b) Leistungsindex für die Identifizierung einer nichtlinearen Anlage

Abb.6.4. zeigt die endgültigen Werte der Zugehörigkeitsfunktionen für die Eingangsvariablen y(k-l) und y(k-2). Abb.6.5. (a) zeigt die tatsächliche Ausgabe und die gewünschte Ausgabe in Abhängigkeit von der Anzahl der Stichproben, was deutlich zeigt, dass die tatsächliche Ausgabe der gewünschten Ausgabe ziemlich genau folgt. Abb.6.5. (b) zeigt den Leistungsindex in Abhängigkeit von der Anzahl der Iterationen.

B.   Menschlicher Betrieb in einer Chemiefabrik

Die Anlage dient der Herstellung eines Polymers durch die Polymerisation einiger Monomere. Es gibt fünf Eingangskandidaten, die ein menschlicher Bediener für seine Kontrolle heranziehen könnte, und einen Ausgang, d.h. seine Kontrolle.

Diese sind wie folgt:

ul: Monomerkonzentration,

u2: Änderung der Monomerkonzentration,

u3 : Monomer-Durchflussrate,

u4, u5: lokale Temperaturen im Inneren der Anlage

y: Sollwert für den Monomerdurchsatz

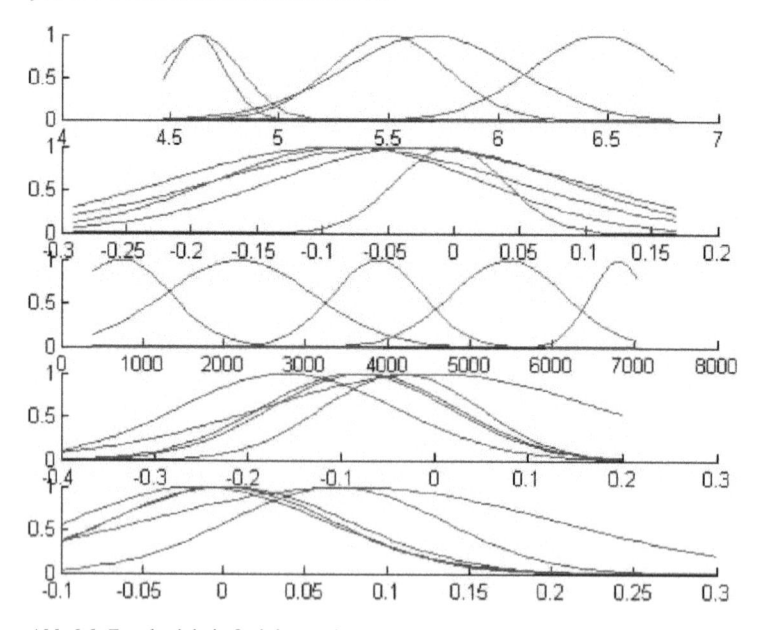

Abb.6.6. Zugehörigkeitsfunktionen des TS-Modells für eine chemische Anlage auf der Grundlage von fünf Eingängen

Fig. 7(a) Output of plant operation model

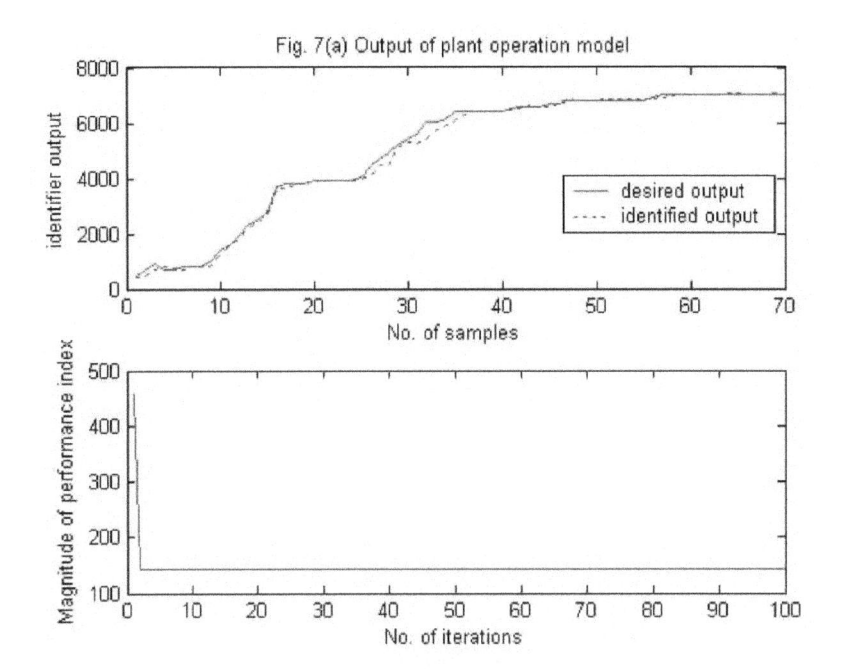

— desired output
---- identified output

No. of samples

No. of iterations

Abb.6.7: (a) Diagramm für die Identifizierung mit zufälligem Eingangssignal

Abb.6.7 (b) Leistungsindex für die Identifizierung einer nichtlinearen Anlage

70 Datenpunkte der oben genannten sechs Variablen aus dem tatsächlichen Anlagenbetrieb wurden aus [6] übernommen. Die ersten sechs Cluster werden durch die FCM-Clustermethode gefunden, was im vorliegenden Fall sechs Regeln impliziert. Abb.6.6. zeigt die endgültigen Werte der Zugehörigkeitsfunktionen für die fünf Eingangsvariablen. Abb. 6.7 (a) zeigt die tatsächliche Ausgabe und die gewünschte Ausgabe in Abhängigkeit von der Anzahl der Stichproben, was deutlich zeigt, dass die tatsächliche Ausgabe der gewünschten Ausgabe ziemlich genau folgt. Abb.6.7. (b) zeigt den Leistungsindex im Vergleich zur Anzahl der Iterationen.

C. Identifizierung und Steuerung von nichtlinearen Anlagendaten.

In diesem Beispiel geht es um die Modellierung einer nichtlinearen Anlage zweiter Ordnung [22]. Die zu identifizierende Strecke wird durch die Differenzengleichung zweiter Ordnung (4.7) beschrieben. Die nichtlineare Komponente 'f der Anlage, die in der Regel als "ungezwungenes System" bezeichnet wird, hat einen Gleichgewichtszustand (0, 0) bzw. (2, 2) im Raum . Dies bedeutet, dass die Leistung der Anlage im Gleichgewicht ohne Eingabe bei den Anfangsbedingungen (0, 0) und (2, 2) gleichmäßig begrenzt ist.

Bei der Identifikation soll die nichtlineare Komponente f mit Hilfe des TSK-Fuzzy-Modells approximiert werden. Zu diesem Zweck wurden 50 simulierte Datenpunkte aus dem Anlagenmodell erzeugt. Der Input für die Anlage und das Modell war eine Sinuskurve $p(k) = sin(2*pi*k/25)$.

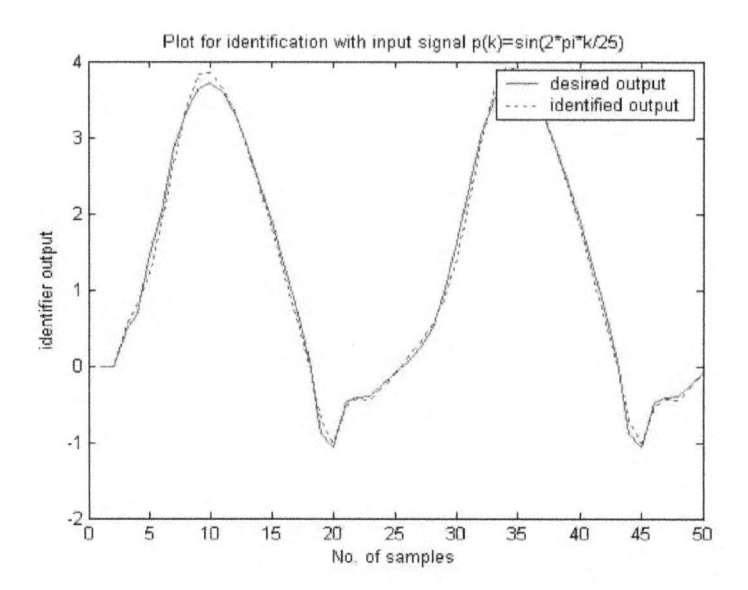

Abb.6.8 Diagramm zur Identifizierung mit zufälligem Eingangssignal

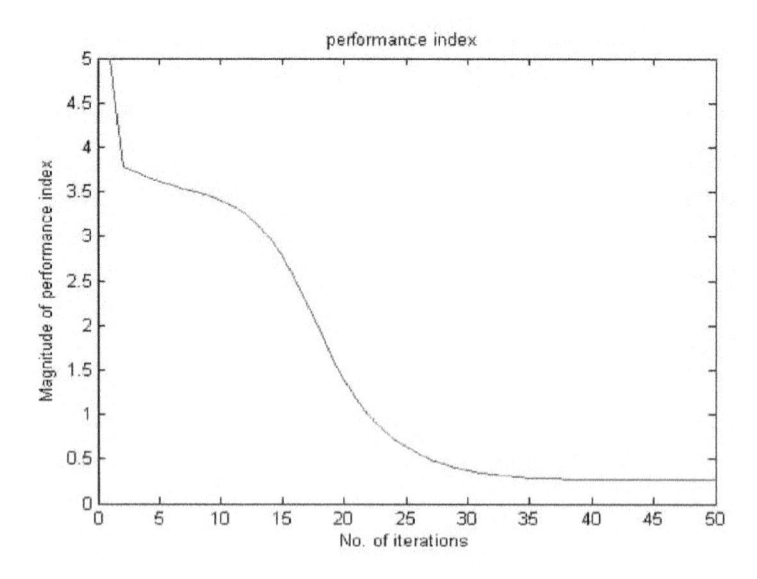

Abb.6.9. Leistungsindex für die Identifizierung einer nichtlinearen Anlage

Die Anzahl der Fuzzy-Regeln wird willkürlich auf 5 festgelegt. Abb.6.8. zeigt die tatsächliche Ausgabe und die gewünschte Ausgabe in Abhängigkeit von der Anzahl der Proben, was deutlich zeigt, dass die tatsächliche Ausgabe der gewünschten Ausgabe ziemlich genau folgt.

Sobald die Anlage mit der gewünschten Genauigkeit identifiziert ist, kann eine Regelung eingeleitet werden, so dass der Ausgang der Anlage dem Ausgang eines stabilen Referenzmodells folgt. $r(k) = sin(2*pi*k/50)$ ist eine begrenzte Referenzvorgabe. Das TSK-Modell wird für den Entwurf eines Reglers verwendet. Als Eingangsgrößen werden der Fehler () und die Änderung des Fehlers () gewählt.

Die Anzahl der Fuzzy-Regeln wird willkürlich auf 5 festgelegt. In der ersten Stufe wurde die unbekannte Strecke offline mit Hilfe der Sinusvorgabe $p(k)$ identifiziert. In der zweiten Phase wurden die Parameter des Reglers anhand des resultierenden Identifikationsmodells mit Hilfe eines Gradientenabstiegs-Lernalgorithmus angepasst.

Abb.6.9. zeigt den Leistungsindex in Abhängigkeit von der Anzahl der Iterationen. Abb.6.10. zeigt das Fehlerquadrat in Abhängigkeit von der Anzahl der Iterationen für den Regler.

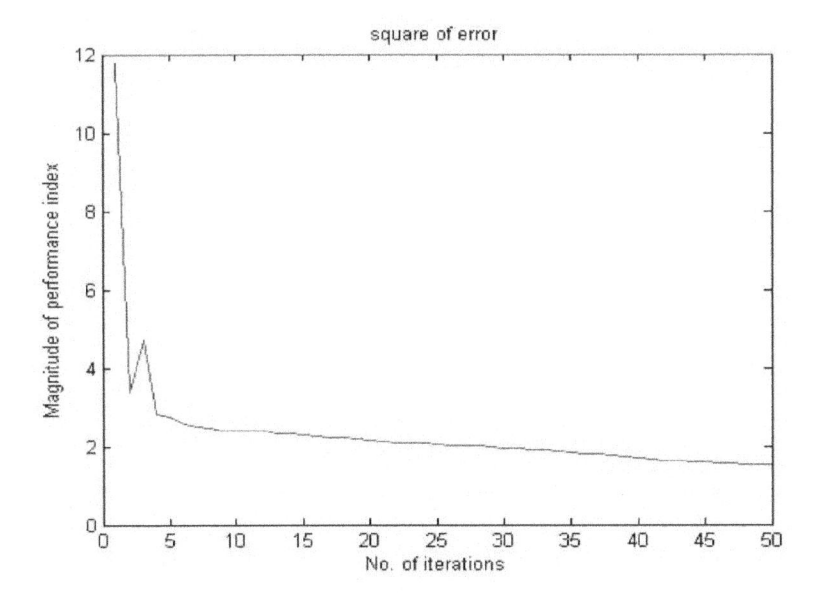

Abb.6.10. Diagramm für das Fehlerquadrat gegen die Anzahl der Iterationen für den Regler

6.2 Schlussfolgerung

Ein TS-Fuzzy-Modell wurde erfolgreich auf ein bekanntes Benchmark-Problem der Identifizierung nichtlinearer Anlagendaten angewandt. Für die Klassifizierung der Input-Output-

Datenpunkte wurde ein auf FCM-Clustering basierender Ansatz verwendet. Nach dem Clustering wird die Methode des Gradientenabstiegs für das Lernen der Parameter verwendet. Das Verfahren wurde auch auf ein reales Datenproblem angewandt, bei dem es sich um ein Modell für die Steuerung einer Chemieanlage durch einen Bediener handelt, und die Genauigkeit war mit den in der Literatur veröffentlichten Ergebnissen vergleichbar.

6.3 Künftiger Anwendungsbereich

Das FCM-Clustering ist der grundlegende Ansatz für die Klassifizierung von Input-Output-Daten mit einigen Einschränkungen. In Zukunft können fortgeschrittene Clustering-Ansätze für die Identifizierung und Steuerung nichtlinearer dynamischer Systeme verwendet werden. Auch neue Modellierungstechniken können implementiert werden.

REFERENZEN

[1] Zadeh, L. A, "Outline of a new approach to the analysis of complex systems and decision processes", *IEEE Trans, on SMC,* Vol. 3, No.1, pp. 28-44, 1973.

[2] Ta-Wei Hung, Shu-Cherng Fang, and Henry L.W. Nuttle, "An easily implemented approach to fuzzy system identification", NAFIPS. International Conference of the North American, S.492-496, Juni 1999.

[3] Miroslav Pokorn und Miroslav Holuga, "Parameter identification of the fuzzy clusters membership grade functions", *IEEE International Conference on SMC,* Vol.3, pp.21382143, October 1998.

[4] Ali Ghodsi, "Efficient parameter selection for system identification", NAFIPS '04 IEEE, Vol.2, pp.27-30, June 2004.

[5] T. Takagi und M. Sugeno, "Fuzzy identification of systems and its applications to modeling and control", *IEEE Trans ,on Systems, Man and Cybernetics,* Vol. SMC-15, pp. 116-132, Jan./Feb.1985.

[6] M. Sugeno und T. Yasukawa, "A fuzzy-logic-based approach to qualitative modeling", *IEEE Trans, on Fuzzy Systems,* Vol. 1,pp. 7-31, Feb.1993.

[7] K. Tanaka, M. Sano, and H. Watanabe, "Modeling and control of carbon monoxide concentration using a neuro-fuzzy technique", *IEEE Trans, on Fuzzy Systems*, Vol. 3,No.3, pp.271-279,August 1995,.

[8] S.L. Chiu, "Fuzzy model identification based on cluster estimation", *Journal of, Intelligent and Fuzzy systems*, Vol. 2 no 3, 1994.

[9] Y. lin , G. Cunningham III , S.V. Coggeshall, "Input Variable identification - fuzzy curves and fuzzy surfaces", *Fuzzy Sets and Systems*, Vol. 82, pp. 65-71,1996.

[10] John und Reza Langari, "Fuzzy logic, intelligent, control and information", Pearson Education, 2003.

[11] M. Sugeno und G. T. Kang, "Structure identification of fuzzy model", *Fuzzy Sets and Systems*, Vol.28,pp.15-33, 1988.

[12] R. Babuska, P. J. Vander veen, and U. Kaymak, " Improved covariance estimation for *Gustafson* Kessel clustering", Proc. *IEEE Conference on Fuzzy Systems*, Honolulu, May 2002.

[13] Gath und A.B. Geva, "Unsupervised optimal fuzzy clustering", *IEEE Transactions on PatternAnalysis andMachineIntelligence,* Vol. 7, pp. 773-781, 1989.

[14] R.R. Yager und D.P. Filev, "Approximate clustering via the mountain method", *IEEE Trans. System, Man and Cybernetics*, Vol. 24, 1279 -1284, 1994.

[15] S.L. Chiu, "Fuzzy model identification based on cluster estimation", *Journal of. Intelligent and Fuzzy Systems*, Vol. 2 no 3, 1994.

[16] Wen-Yuan Liu, Chun-Jing Xiao, Bao-Wen Wang, Yan Shi, and Shu-Fen Fang, "Study on combining subtractive clustering with fuzzy c-means clustering", *IEEE Trans. Machine, Learning and Cybernetics*, Vol.5, pp. 2659- 2662, 2003.

[17] J. Abonyi, R. Babuska, und F. Szeifert, "Fuzzy modeling with multidimensional membership functions: Grey Box Identification and Control Design", *IEEE Trans. on SMC- B*, pp.755-767, October 2001.

[18] C. W. Xu und Y. Z. Lu, "Fuzzy model identification and self-learning for dynamic systems", *IEEE Trans. on Systems, Man and Cybernetics B,* Vol. SMC-17, S. 683-689, Juli/Aug. 1987.

[19] Witold Pedrycz, "Fuzzy-Multimodelle", *IEEE. Trans. on Fuzzy Systems*, Vol.4, No.2, pp.139148, May 1996.

[20] R.R. Yager und D.P. Filev, "Identification of non-linear systems by fuzzy models", *Proc. On Fuzzy Systems International Conference*, S. 1401-1408, Juli/Aug. 1987.

[21] E. H. Mamdani, "Application of fuzzy algorithm for control of simple dynamic plant", *Proc. ofIEEE,* Vol. 121,No. 12,pp. 1585-1588, Dezember 1974.

[22] Kumpati S. Narendra, and Kannnan Parthasarathy, "Identification and control of dynamical systems using neural networks", *IEEE. Trans. on Neural Networks*, Vol.1, no.1, März 1990.

[23] P.C. Panchariya, A. K. Palit, D. Popovic, und A. L. Sharma, "Nonlinear system identification using Takagi-Sugeno type neuro-fuzzy model" IEEE Conference on Intelligent Systems, June 2004.

I want morebooks!

Buy your books fast and straightforward online - at one of world's fastest growing online book stores! Environmentally sound due to Print-on-Demand technologies.

Buy your books online at
www.morebooks.shop

Kaufen Sie Ihre Bücher schnell und unkompliziert online – auf einer der am schnellsten wachsenden Buchhandelsplattformen weltweit! Dank Print-On-Demand umwelt- und ressourcenschonend produziert.

Bücher schneller online kaufen
www.morebooks.shop

info@omniscriptum.com
www.omniscriptum.com

OMNIScriptum

www.ingramcontent.com/pod-product-compliance
Ingram Content Group UK Ltd.
Pitfield, Milton Keynes, MK11 3LW, UK
UKHW041933131224
452403UK00001B/115